成长加油站

再见坏习惯

李 奎 方士华 编著

民主与建设出版社

·北京·

图书在版编目（ＣＩＰ）数据

再见坏习惯 / 李奎，方士华编著 . -- 北京：民主
与建设出版社，2019.11
（成长加油站）
ISBN 978-7-5139-2424-5

Ⅰ . ①再… Ⅱ . ①李… ②方… Ⅲ . ①习惯性－能力
培养－青少年读物 Ⅳ . ① B842.6-49

中国版本图书馆 CIP 数据核字 (2019) 第 269555 号

再见坏习惯
ZAI JIAN HUAI XI GUAN

出 版 人	李声笑	
编 著	李 奎 方士华	
责任编辑	刘树民	
封面设计	大华文苑	
出版发行	民主与建设出版社有限责任公司	
电 话	（010）59417747 59419778	
社 址	北京市海淀区西三环中路 10 号望海楼 E 座 7 层	
邮 编	100142	
印 刷	三河市德利印刷有限公司	
版 次	2020 年 6 月第 1 版	
印 次	2020 年 6 月第 1 次印刷	
开 本	880 毫米 × 1230 毫米 1/32	
印 张	30	
字 数	650 千字	
书 号	ISBN 978-7-5139-2424-5	
定 价	238.00 元（全 10 册）	

注：如有印、装质量问题，请与出版社联系。

青少年是祖国的未来，是中华民族的希望。中国的未来属于青少年，中华民族的未来也属于青少年。青少年的理想信念、精神状态、综合素质，是一个国家发展活力的重要体现，也是一个国家核心竞争力的重要因素。

随着年龄的增长，青少年开始认识世界，学习各科知识，在这个过程中，他们逐渐熟悉了社会，了解了民风民俗，懂得了道德法律，具备了起码的生存技巧、劳动技能，掌握了一定的科学知识、探索方法，对大自然、对人生也有了一定的看法。

这一时期，他们渴望独立的愿望日益变得强烈，与家庭的联系逐渐疏远，对父母的权威产生怀疑，甚至发生反抗行为。他们要摆脱家长和其他成人的监护，摆脱由这些成年人规定的各种形式的束缚。

他们对自己充满自信，看不起身边的许多事情，但随着接触社会的增多，他们会逐渐了解到个人只不过是这个大自然中的一部分，个人与他人、社会、自然之间存在着十分复杂的关系，在很多事情面前，个人的能力和作用都是有限的，是要受到制约的。

由于一开始过高地估计了自己的能力，致使他们的很多愿望难以实现，由此他们又产生了自危、自惭、自卑、自惑等不良心态，在这种情绪的影响下，有的青少年甚至走上自毁的道路。研究表明，青春期的青少年是最容易激发起斗志的，他们更容易从别人的成功中吸取适合自己的营养，指导他们的行动。

为了正确地引导青少年的成长，使他们培养正确的人生观和世界观，并合理地控制自己的情绪，我们特地编辑了本套"成长加油站"丛书，包括《爸妈不是我的佣人》《办法总比问题多》《再见坏习惯》《做最好的自己》《懒惰，请走开》《做个内心强大的孩子》《这样做人人都欢迎我》《学习是一件快乐的事》《为自己读书》《自己永远是最棒的》共十册书。

本套丛书从兴趣爱好、积极人生、情绪、心智等多个方面入手，分别讲述了如何培养孩子的美德、怎样提高孩子的情商、智商，怎样养成孩子的独立生活能力等诸多问题，旨在引导青少年对成功的渴望，使其发现自身的兴趣所在，快乐、健康地成长，为他们的成长加油！

目录

第一章　远离不良的习惯

　　有些青少年在很小的时候就养成了一些不良习惯，如厌恶学习、不知礼节、自卑、懒惰、马虎等。人们常说习惯决定命运，一个人在青少年时代的习惯培养与他之后的人格塑造，事业成功有很大关系，好习惯让人终身受益，坏习惯会毁掉一生。

　　因此，远离不良习惯，纠正坏恶习惯，对于一个青少年的一生起着至关重要的作用。

克服懒惰的不良习惯

懒惰是一种心理上的厌倦情绪。它的表现形式多种多样，包括极端的懒散状态和轻微的忧郁不快。生气、羞怯、忌妒、嫌恶等都会引起懒惰，使人无法按照自己的愿望进行活动。

事实上，人生中任何一种成功的获取，都始之于勤并且成之于勤。勤奋是成功的根本，是基础，也是法则。每一个志向高远的人都应该努力让自己变得勤奋起来。

人的本性之一是趋乐避苦，惰性就如同影子一样时常纠缠着人们，但正如歌德所说："我们的本性趋向于懒怠，但只要我们的心向着活动，并时常激励它，就能在这活动中感受到真正的喜悦。"

一个爱讲废话而不勤奋学习的青年，整天缠着大科学家爱因斯坦，要他公开成功的秘诀。爱因斯坦被缠得没办法了，就给他写了一个公式：

成功=勤奋+正确的方法+少说废话。

这个公式表明：一个人要想获得成功，不仅要在学习时要有正确的方法、要少说废话，更重要的是要勤奋。

所以，要想完善自己，成就自己，享受到成功的喜悦，赢得社会的尊敬，就必须努力进取，战胜懒惰，让自己变得勤奋起来。要克服懒惰，可以参考以下方法。

1. 严防掉进借口的陷阱

我们常常拖延着去做某些事情，总是为自己的懒惰找理由，找借口。例如"时间还很充足""现在动手为时尚早""现在做已经太迟了""准备工作还没做好""这件事太早做完了，又会给我别的事"等，不一而足。这些借口会让自己变得越来越懒惰，如果想变得勤奋起来，就要把这样的借口一个个地消灭掉。

2. 树立远大的目标

青少年朋友们，当我们在人生的长河中扬帆远航时，千万不要忘记树立远大目标。远大目标是人的精神支柱和动力源泉，它可以不断地激发人的生命活力。若没有远大目标，就不会有生活的信心、向上的动力，只会浑浑噩噩、碌碌无为地度过一生。

3. 选择正确的方法

我们首先要明白自己懒惰的根源是什么，找到根源以后再去克服它。克服懒惰，就是要对自己有所管束，自己的事情自己做，不要指望别人。当自己想睡懒觉时，应该想想古人的"闻鸡起舞"；当自己想要放纵时，可看看"悬梁刺股"的故事。我们要时刻牢记，对自己多一点约束，离成功就会更近一点；对自己多一点管束，我们未来的生活就会更加美好。

4. 养成良好的习惯

对我们青少年来说，好的习惯包括很多方面，比如学习习惯、睡眠习惯、饮食习惯等。

首先，我们要把不良嗜好抛弃掉。比如，如果自己沉迷上网的话，就要"逼"自己远离电脑。这个过程也许是很艰难的，但自己一定要保持信心和意志力，这样终究还是会做到的。

其次，我们还可以找一个学习勤奋的同学作为自己学习的榜样，逐步培养自己良好的学习习惯，并请自己的同学帮忙监督自己进步。当然，要改变懒惰习惯，养成好的习惯，不是一朝一夕就能够做到的，这就要求我们循序渐进，一项一项地慢慢克服，努力改变自己不好的方面。

要知道，克服懒惰，正如克服任何一种坏毛病一样，是件很困难的事情。但是只要你决心与懒惰分手，在实际的生活学习中持之以恒、勤奋起来，那么，灿烂的未来必将属于自己！

改掉拖拉的做事方法

在学习和生活中，我们常常会有这样的想法："来得及，先玩一会儿再做吧！"可是，往往玩一会儿就过了头，然后又后悔不已。让我们一起来看看下面这个同学的困惑：

我是一名中学生，平时比较懒散，放学之后通常把书本放到一边，就去打球、玩游戏。我总想着只玩一两个小时再去做作业，复习也来得及，可我老是控制不住自己，一玩就到很晚，就没时间写作业了。

一到周末我就更不想做作业了，只想玩，没法控制自己，经常是星期天晚上才匆忙地赶作业。

开学后我就要升初三了，学习更紧张了，我很想改变现在这样的状态。请问我怎样才能克服做事拖拉的毛病呢？

其实，很多同学都会表现出不同程度的拖拉，即往往将任务放在最后时刻才来完成。偶尔推迟一个任务没什么大碍，因为每个人都会拖延，只是程度不同罢了。然而，如果拖延成了一种生活方式，那问题就真的严重了。

为什么呢？因为从某种意义上讲，做事拖拉就是浪费生命，就是慢性自杀。

拖拉会消磨人的意志，使人变得更慵懒。拖拉会使你的计划成为泡影，导致现状更糟糕。比如，一个在学习中总是拖延的人，造成的直接后果就是：浪费学习时间，学习效率低下，成绩不尽如人意，经常受到老师、家长的批评，自信心下降。

一旦对学习失去了兴趣

和信心，就会表现出学习没有积极性、惰性强甚至厌学等特点，这样，一个人的各种学习计划很可能就不复存在，这是非常令人担心的事情。可见，拖拉的习惯不仅影响身心健康，还会影响我们的学习。所以，我们必须战胜拖拉的坏习惯。

那么，青少年朋友们，知道自己究竟应该怎么去克服惰性吗？知道如何改正遇事拖拉的毛病吗？建议大家采用下面的一些方法，相信这会对大家有所帮助的。

1. 立刻去做

从现在开始做起，不论明天是不是有空，无论你今天多累，有多少理由，要是你真的想提升自己，就马上行动起来，列个事情明细单，定个时间，强迫自己今日事今日毕。重要的是，要体会完成事情后的轻松状况：不做事，心里不踏实，是休息不好的。

假使对于某一件事，你发觉自己有拖延的倾向，你应该不管事情处于什么样的困难中，立刻动手去做，不要畏难，不要偷安。这样久而久之，你就能改正拖延的毛病。

事实上，搁着今天的事不做而想留到明天做，在这个拖延中所耗去的时间、精力，实际上完全能够将那件事做好了。而做以前堆积下来的事，你只会觉得更厌烦！

2. 制订计划

马上制订一个可行的学习计划。在一天的学习之余，还要制订一个近期学习计划。计划要可行，时间需要较宽松些，符合自己的作息习惯。需要注意的是，计划要能为自己带来信心和愉悦感。

在执行计划的时候，把做完的内容从计划表中一一去掉，这样就会有一种"我做完了"的成就感。

3. 不要逃避

有时候我们习惯拖延，往往是认为这件事不重要，或者看不到完成这件事的好处。如果这件事真的不重要，就把它取消好了，而不要拖延然后又后悔。

或者从我们的目标与理想的角度分析某个任务。如果我们有重大目标，那就比较容易拿出干劲去完成有助于我们达到目标的任务。

还有的时候我们是因为觉得完成某件事很难，或者受到逼迫而拖延。这个时候，不要逃避，不要怕做难做的事情。不管喜欢与否，也不管心情好坏，先行动起来再说，一旦真正行动起来，我们会发现事情往往比原来料想得要容易对付得多。

4. 请人监督或改变环境

把自己的计划告诉别人，让自己产生压力，自觉去完成任务。还可以请父母监督自己。比如，在做作业或做某件事时，请你的爸爸或妈妈监督你，而且必须严格，一旦发现你有拖延的迹象或行为，就提醒你。

还可以改变一下环境，选择可以使自己更易自省的环境，以促使自己立即去做。

5. 奖惩监督

每当高效地完成一件事情，或者连续地做完计划中的事时，你就可以在日记本中给自己画一个笑脸，并在旁边写上"你真棒！"随着日

记本上"笑脸"的增多，你拖延的次数也逐渐减少。

还可以给自己一些物质上的奖励，诸如一个苹果、一块巧克力等。不管是吃的、用的、玩的，还是别的什么东西，因为坚持学习了，而给自己一些喜爱的东西作为奖励，是一个不错的办法。

反之，如果你没有按照计划做事，比如没有按时写作业而受到老师的批评，此时，就可以用不买新的运动鞋、承担全部家务、不能看电视、晚睡半个小时改正做错的题等方式来给自己一点惩罚，以此加深记忆。此后每拖拉一次，就想办法惩罚自己一次，这样对于纠正坏毛病应该有一定的效果。

6. 不给拖延找借口

有的青少年朋友不愿意立即完成作业，他们的理由是："作业明天还可以做，但那集电视剧今天更新！""我答应好朋友放学后去踢球的，作业等一会儿再做。""我们同学都是边看电视边做作业的。""老师要下个礼拜再交，所以不用急着做。"……

无论你为自己不愿意立即做作业找到什么借口，在心里都要强迫自己不要相信自己的"谎话"，学习、作业、读书在你心中永远都要放在第一位。除学习以外的绝大多数事情，都不是你拖延学习的借口，请牢记这一点。

拖延是一种人性的弱点，我们不能总是为自己制造各种借口，要看到学习中的"拖延"的形成是由我们自己造成的。

"赶快行动！还等什么！"拖拉的人要经常对自己这样说。不要给自己理由和余地。这些理由真的可以把自己的计划延后吗？大多数不能。我们要对自己严厉地说："非做不可！而且是现在就开始。"然后想象一下在最后期限前面对一大堆事的痛苦，借此来警醒自己。

万事开头难，这对于每个人都一样。花一点点时间想想为什么自己老是找那么多借口拖延。把精力投入到如何让自己向前、让学业进步上，就一定可以战胜拖延的坏习惯了。

青少年朋友们，现在，请把这句话牢牢地刻在脑海里：今日事，今日毕！

把粗心草率变为细心

粗心，就是不谨慎，不细心。相对来说，这是男人更容易犯的一种毛病。无论在生活还是在学习中，我们都会有这样的体验，并因此而受到损失。我们大多数人原本是不希望粗心的，但在潜意识里又认为，粗心只能算是个大家都会犯的小毛病，当然也就不值得让人担忧。

其实这是非常错误的，特别当我们养成了粗心的习惯时，就很难把事情做好，并会常常出现失误而严重地影响人生的发展。这甚至比无知更可怕。所以将粗心转变为细心是男人成功做事的重要一课。

1. 认识粗心与细心

一个概念，从无知到有知的改变是很容易的，而一种粗心的现象却是可以经常不断重复发生的。

我们不怕无知，因为不会的可以学会，不懂的可以学懂，而粗心就可怕了，因为我们以为粗心不是无知，所以就一次次毫无顾忌地、草率地粗心，也就一次再一次痛苦地做错，从而浪费了许多时间，丧失了许多的机会。

　　所以粗心比无知还可怕，更糟糕。粗心是由于对粗心的无知造成的。由于对"粗心"的忽视，粗心一次次地在我们的日常生活中出现，慢慢地粗心成了我们的一种惯性，而自己还是不能清醒地认识。

　　我们许多人都曾经经历这样的情况，我们已经很努力了，自以为这件事情自己一定能完成得很圆满，可结果又是不尽如人意，很多是由于粗心造成的问题，虽然只是粗心而已，但不理想的结果往往会对自己丧失信心，会让我们认为自己再用功，也不会达到自己理想的目的。

　　我们的自信心会逐渐遭到打击，对做事也就逐渐失去了信心和兴趣。试想，缺乏斗志怎么可能成功？所以粗心一旦形成惯性，变成习惯，就不好改变了。

　　"江山易改，本性难移"这句话我们都太熟悉了。为什么我们有的人从小到大，一直总爱丢钥匙、钱包。

　　所以粗心很容易成为一种习惯，如果不幸成为我们个性的一部分的话，成功的可能性必然会大打折扣。

　　每个人都会有缺点，每件事情都会有不足，世界也不是完美的，因为有不足，这个世界才会进步，我们人也一样。但是我们一定要记住这一点，缺点不是错误。

　　我们很容易发现缺点和错误的区别，但由于它们常常很相似，我们往往会把它们混淆，经常把错误当缺点。原因很简单，因为我们思想里对粗心的危害认识不足，才会造成了我们对粗心的忽视，对粗心的宽容，甚至对粗心的放纵。

粗心听起来似乎是不大也不小的一个毛病，不值得小题大做，也正因为这样，它成了犯错后最过得去的借口。

但凡觉得是好借口，那么潜意识里其实就已经不太重视这一问题了，因此不要告诉自己"下一次一定细心"，而是要在每次做事前告诉自己"这一次一定细心"。

2. 克服粗心大意的方法

粗心大意是我们许多男人共有的毛病。从心理学的观点来看，粗心是指自己的理解和会做的事情，由于不仔细而造成的差错，作为一种性格缺陷，它的危害性是不言而喻的。怎样克服粗心大意的毛病呢？

（1）认清危害

粗心带来的后果非常严重，主要包括两个方面：一是错误一再重复，二是错误大多属于低级错误。

粗心的错误不是我们知识或者能力的缺失导致的。正因如此，粗心所带来的错误就与无知造成的差错不同，不易通过诸如反复练习这样的手段消除，很容易一再重复，贻害无穷。

我们都难免会犯错误，而粗心导致的错误往往属于低级错误，而且非常显眼，这对于结果的负面影响是显而易见的。

（2）分析原因

有的错误表面看起来是我们的粗心所导致的，其实也许是我们的知识或者能力方面出现了问题。所以在这个时候，我们应该提高自己的能力，而不是用粗心来掩盖问题的本质。如果我们这个时候不去认真回顾并分析自己所犯的错误，而是将所有的错误统统归为粗心，那说明我们真的是很粗心。

（3）专心做事

所谓粗心，大多是因为个人的注意力不集中才会出现的，而注意力之所以不集中，是因为不够重视。

我们工作和学习中经常有这样的现象，有些问题很容易，按理我们是绝对不应该出差错的，却出差错了，而有些事情比较难，按理说我们出差错的可能性较大，但我们这时反而不出差错了。

其实原因很简单，我们对较难的问题在心理上比较重视，因而不易出现差错；反之，我们对较易的问题在心理上不太重视，因而较易出现差错。

正因为这样，我们一定要加强对工作和学习的重要性的认识，提高责任心，这样就不会马虎随便、掉以轻心，而且也能自觉地克服分心现象，从而有助于克服粗心大意的毛病。

（4）适度紧张

我们很多人都会有过分松弛或者过分紧张而造成出错的体会，当情绪过分紧张，或毫不紧张时，智力操作效率都是最差的。而当情绪在中等强度的紧张状态下，智力操作效率往往是最好的。因此，保持适度的紧张情绪，也是防止粗心的有效方法。

（5）集中注意力

注意的分配是有条件的，即在同时进行的两种活动中，其中必须有一种是我们十分熟练的。同时实行的几种活动之间的关系也很重要，如果它们之间毫无关系，则同时进行这些活动是有困难的。因此，为了克服我们粗心大意的毛病，学会把自己的注意力始终集中在所要完成的工作上，也是十分重要的。

（6）戒除粗心的习惯

我们有些人由于经常粗心大意，久而久之，便形成了粗心的习惯。这种情况下，戒除粗心大意的习惯乃是克服粗心毛病的治本之策。

要戒除粗心的习惯首先要培养我们细心的好习惯。在工作和学习中，我们应当有意识地坚持高标准、严要求、做事讲究条理，做完之后要认真核对、验算、检查。如果我们长期这样，就会习惯成自然。另外在具体的方法上，也应有所研究，具体问题具体分析，才能让自己的粗心越来越少。

粗心好像不是一个多么难解决的问题，但是我们许多人却一犯再犯，可见知易行难确实有一定道理。所以我们千万要重视这个问题，不要让自己的心血因为粗心而白白浪费。

3. 培养严谨细心的要诀

细心在我们男人的日常生活和工作中是非常必要的。然而，如今生活节奏越来越快，做事毛躁马虎的人也越来越多，很多人还为此振振有词，认为这是自己的习惯，改不了。

事实上，细心是一种心理素质，完全可以通过有意识地培养，而逐步做到有条不紊、沉着稳当、明察秋毫。那么我们在日常生活中怎样才能做一个细心人呢？

（1）做到细心

细心作为一种个性特质，确实和我

们的先天气质有密切联系，比如内向敏感的人，往往谨慎小心，但偶尔也会放不开手脚。而外向粗犷的人，做事通常洒脱自在，不拘小节，但也会粗枝大叶，马虎大意。

然而我们还有很多值得信赖的成功精英人士能够粗中有细，战略上藐视困难，战术上重视细节，因此常常能运筹帷幄，把握机遇，同时又能精耕细作，处事圆满。

从这个意义上说，细心就是一种心理素质，需要我们在实践中逐渐培养。只有努力培养细心的素质，我们才会有真正的效率，才会有可靠的安全，才会有事业的成功。

（2）稳定情绪

我们每个人的心理能量都是有限的，如果心绪烦乱，情绪不稳，就容易注意力涣散，很难做到全神贯注。要真正做到细心谨慎，必然要处理好各种心理困惑，保持一颗平静的心，正所谓宁静致远。

（3）有责任心

任何事情，都是事在人为。同样一件事，如果我们能够敢负责任，就可能有所成就，如果我们毫不在乎，不当回事，就可能失败。

只要我们能够负起责任，油然而生一种神圣的责任感和使命感，就有可能激发我们全部的智慧，调动我们无穷的潜力。因此从这个意义上说，细心很大程度上依赖于责任心。

（4）培养兴趣

我们深知，一旦自己对于某事有了浓厚的兴趣，常能乐此不疲，流连忘返，也就能够精心钻研、细心考量。如果缺乏兴趣，就容易心猿意马、朝三暮四，难以做到持久的静心、细心，更不可能保持足够的耐心。我们理应认识到自身的优势，做自己想做又能做的事情，然后将潜力发挥到极致，才能真正变得细心。

（5）细心有度

当然，如果我们男人过分细心，就可能会造成各种心理障碍。因为盲目夸大，草木皆兵，会使我们本来脆弱的神经难以驾驭，甚至面临崩溃，因而我们要把握好细心的度，做到灵活性与原则性相结合。

"千里之堤，毁于蚁穴"，粗心的习惯会带给我们无尽的烦恼。我们应当在生活中培养细心的素质，成为生活的有心人，留住更多美好瞬间。细心作为，细心行动，就会让我们收获更多成功与效益，感受更多安全与保障。

不让自卑困扰自己

所谓自卑，是对自己的评价偏低、觉得自己无能，而内心经常有自怨自艾、悲观失望等情绪产生的消极心理。这种心理是对自己缺乏正确认识的表现。存在自卑心理的青少年在与人交往的过程中缺乏自信心，在办事时没有胆量，总是畏首畏尾或随声附和，自己没有一点主见，一旦遇到错误或是有些事情没有做好就会自怨自艾。

自卑是一种消极的情绪表现。调查表明，那些有强烈自卑感的青少年是很难坚持学业的，有的甚至自暴自弃，破罐子破摔，悲观失望，对生活、前途、学业彻底失去了信心，甚至走向轻生或犯罪的道路。所以青少年战胜自卑心理是非常重要的。

自卑是有害于青少年身心健康最重要的心理问题之一。它主要是对个人的能力评价过低，总觉得自己这也不如别人、那也不如别人，从而造成青少年从心理上产生胆怯、忧伤、失望等消极情绪。

如果一个人的自尊心得不到满足，那么他就不能恰如其分地展现自己的特长，此时就容易产生自卑心理。青少年产生自卑心理后，往往从怀疑自己的能力到不能展现自己的能力进而开始走向自闭。

本来有些事情经过努力便可以做到，但他们总认为"我做不到"而放弃追求。迷惘的他们始终看不到人生的精彩和希望，始终体验不到生活的乐趣，也不敢去憧憬美好的明天。

1. 产生自卑的客观因素

一般引起青少年自卑心理的主要原因有以下几方面：

（1）外貌和体形。如五官不够端正，体形过瘦或过胖，有口吃等生理问题等。

（2）家庭环境。如出身农村，经济条件差，学历低等。

（3）生活经历。如有在公众场合当众出丑、被人嘲弄等经历。

青少年的自卑表现最突出就是敏感性和掩饰性，他们经常从别人的言谈举止中寻找与自己有关的评价，由于担心被别人知道自己的缺陷，常常刻意地掩饰或否认，从侧面表现出较强的虚荣心。

2. 严重自卑者的心理缺陷

严重自卑往往有如下表现：

（1）一心沉溺于超越现实的幻想世界里，缺乏参与社会活动的积极性，有严重的孤独感。

（2）对一切事情过于敏感，因而很容易遭受挫折。

（3）没有正确的竞争意识。

某高中的一名女生，平日少言寡语，总是一个人独来独往。班级组织集体活动，她也总是远远躲在一边。班主任得知以后，为了使她尽快地融入班集体，让她和几个同学一起办画展，但她却以"我的字写得不好，也不会画画，会被同学笑话"为借口而推托；老师让她担任学习小组长，但她以学习成绩差为由再次拒绝。

正是因为自卑心理产生的消极情绪，使她失去了两次融入集体的机会。事情过后，这位女生会更加懊恼地抱怨自己："我真没用""我本来可以做好那些事的，不过……"

心理学家指出，所有这种"是的，不过……"的话都是强烈自卑感的标志，而这些表现也正是由于自卑者对自己的不切实际的消极评价和态度所导致的。

3. 如何战胜自卑心理

（1）合理设定目标，消除自卑心理。青少年的心理比较敏感脆弱，经不起困难和挫折的打击。如果一旦遭受挫折，就很容易变得灰心丧气并产生自卑感。因此，青少年做事时不要有过高要求，在生活

和学习上，目标设定要合理，这样在达到目标后就会增加自信心。

（2）提高自我评价，远离自卑心理。一般，自卑的青少年比较注重别人对他们的负面评价，而忽视或者不愿接受别人对自己的正面评价，总是喜欢拿自己的短处与别人的长处相比。这样越比越觉得自己差，越比越泄气，自然在心理上就产生了自卑感。

其实，有自卑心理的青少年，要善于发现自己的优点，肯定自己的学习成绩，从而激发自己的自信心。

（3）面对挫折，走出自卑的阴影。青少年产生自卑心理有一方面是因为防御机制不够健全。因此，当遭受挫折和失败时，不要怨天尤人，不要轻视自己，应该从生活环境与客观条件来分析原因，这样既可以找到心理平衡，还可以发现很多的机会。

（4）克服孤僻性格，恢复自信。青少年要想克服孤僻心理的障碍，关键是思想上的转变。对于性格孤僻的人，首先要做的是努力改变自己的生活习惯，良好的生活习惯会让自己变成一个受欢迎的人，从而恢复自己的自信心。

总之，青少年要全面认识自己、真诚接纳自己。这样我们就会发现，自己不再那么自卑，不再那么担心别人怎样看自己，就会更有勇气，有更多精力放在自己要做的事情上，这样才能拥有健康的心理。

第二章　走上自信的道路

　　"金无足赤，人无完人。"是的，我们可能有这样那样的缺点，但只要能够认识自己的不足，敢于改正自己的错误，我们一样能够活得精彩！生命的小船只要由我们自己驾驶，命运就在自己的手中。相信自己吧，雨过太阳自会出；相信自己吧，我们是最优秀的！

在微笑中获得力量

现实的生活当中，"微笑"对每个人来说都不陌生，因为我们每天都有微笑。我们用微笑去面对每一件发生在我们身上的事，用微笑去面对人生。

尽管在我们的人生当中有许多的酸甜苦辣，我们还是一样能用微笑去面对它们。微笑面对自己、微笑面对别人、微笑面对整个社会、微笑面对自己的人生，我们用微笑感动着身边的每一个人，用我们的笑容去面对人生。

可是，许多青少年却因为各种不如意，忘记了微笑。人生在世，现实生活从来就不会像心里想象得那么完美和如意。作为一个平常人，不管曾经是多么的风光和自信，都会有无可奈何和不如意的时候，都会遇到不可遏制的困难和挫折。

在这种情况下，与其痛苦地板着脸，不如开心地笑一笑，这样，也许我们的心情立即就好了许多。

下面，让我们来看看一个爱笑的人如何生活中美丽地微笑的吧。

在生活中，我最爱的表情是微笑，我认为微笑是人世间最美的。你的一个微笑会告诉人们，你是美丽的、你是自信的、你是乐观的。

　　一天，杨老师让我们竞选班委，我很想竞选地理科代表和文艺委员。竞选地理科代表，是因为我妈妈是地理老师，我也很喜欢地理；竞选文艺委员，是因为在过去的小学6年里，我一直担任班里的文艺委员，而且干得还蛮不错。

　　到我发表演讲了，我一上台一背手，便先报以大家一个微笑，随后就开始了演讲。然而，我落选了，但我依然微笑。因为我参与了，向大家展示了自己的自信。

　　那天放学后，因妈妈说要晚一点来接我，所以我自告奋勇在黑板上为大家写名人名言。我选了一句便在黑板上开始写，我的字一个大一个小，真没想到，平时见学习委员写得那么简单，等我实践起来却是难上加难。

　　终于写完了，我大汗淋漓地回了家。第二天，学习委员告诉我，我的字写得不是很好，我不但没生气，还真高兴学习委员坦率地指出我的不足，于是我微笑着告诉她，下次我一定会努力写好。此后，我有空便多练习，字写得的确有了进步。

　　这就是我，喜欢微笑的我，从微笑中获取自信的我！

　　没有嫣然绽开的花蕾，便没有四季可人的温馨；没有潺潺流过心田的微笑，便没有人生的洒脱。我们每个人都是哭着来到这个世界上，但我们应该让生活因拥有真诚的微笑而更加丰富多彩。

俗话说："笑一笑，十年少，愁一愁，白了头。"朋友，我们用微笑对待他人，他人便会以微笑对待我们；我们用微笑对待世界，世界便会以微笑对待我们；我们用微笑对待生活，生活便会以微笑对待我们。

你会微笑吗，你有过微笑吗？

微笑，不仅是对人的一种尊重，也表达了一种人生态度。

人生的道路不是一帆风顺的，有坎坷曲折，有酸甜苦辣，还可能命运多变。在遇到各种困难和意想不到的打击时，是微笑面对，充满信心，积极应付，还是愁眉苦脸，消极等待，态度不同，结果也是不同的。

　　她，是一个患脑瘫的女孩。她，是一个有口不能说话、有手不能写字的女孩。她就是赵晨飞，把微笑挂在脸上的女孩。刚出世的她，就因母亲难产而大脑缺氧，患上了脑瘫。

　　从此，她迈上了艰辛的人生之路，没有无忧无虑的童年，也没有快乐无比的少年，面对这一切，渐渐长大的她没有放弃，她不愿做一棵"温室"里的幼苗，她坚强地扬起了自信的风帆，用她那乐观的笑容战胜人生的不公平。

　　她每天都用鼻尖、用下额敲击键盘打字，竟然惊人地打出了20多万字，这个数字对于我们正常人来说都是很难完成的。她，用微笑，用乐观创下了奇迹，获得"感动辽宁十大青年杰出人物"称号，让人为之惊讶，为之敬佩！

笑对人生的困难，我们就会看到光明，看到前途，困难就会变成动力，我们就增加了战胜困难的信心和勇气。

笑对人生的艰苦，我们就会把艰苦看作是磨炼自己意志的课堂，有多少成功的人士笑对艰苦的环境，走上了成功之路。

笑对人生的磨难，磨难会让我们更坚韧、坚强，增加你的阅历，让我们在今后人生的道路上能经受各种考验。

笑对人生的挫折，我们就不会被挫折击败，我们不会在挫折中一蹶不振，而是会把挫折当成我们奋斗的起点。

笑对人生的痛苦，我们就不会在痛苦中倒下，就不会在痛苦中悲观失望，消沉下去，而是痛定思痛，总结自己，扬帆起航，走出痛苦的旋涡，在阳光下创造快乐。

笑对人生的失去，我们会得到更多；笑对人生的快乐，我们会更快乐；笑对人生的幸福，我们将更加珍惜幸福，不会让幸福"跑掉"。

生活本身就是一面大镜子，我们对它笑，它就会回应我们一个微笑。人生永远不会一帆风顺，这一路充满了荆棘，充满了坎坷，我们需要什么？当然，是乐观，有了乐观，踏着荆棘不会觉得痛苦，有泪可落，却不悲凉。

乐观，犹如一盏明亮的指路灯，照亮黑暗，照亮我们前方的道路。每当我们在花园中赏花时，会发现有些花朵并没有绽放。

其实，这只是因为没有等到花开的季节，人生也是这样，只要乐观地面对困难，乐观地用微笑去等待人生之花的盛开。

由此可见，乐观可以挖掘藏在深处的潜能。乐观，是一缕阳光，它能使冰雪融化。乐观，是一个个阶梯，是一条条通向成功的途径。乐观，是丛林深处中一只只强健有力的苍鹰，奋力搏击，飞向天空，使一个个失落的人，看到了那永远不破灭的希望。

无论什么时候，我们大家都要用微笑面对自己、面对人生，那么，天边就总会挂着美丽迷人的彩虹。微笑是一种习惯，更是一种勇气；微笑是一种心态，更是一种胸怀；微笑是一种积极主动的人生态度。

微笑是特效的护肤霜，把它抹在脸上，我们愈加美丽；微笑是心底的一股灵泉，它使我们的内心丰盈而深情。微笑，于朋友是心灵的默契；于陌生人，是距离的缩短。请用微笑面对我们美丽的人生吧！

微笑是我们嘴边的一朵花，请我们舒展开这朵美丽的花，让它永驻你周围人的心灵深处，酿造出我们美丽人生中的芳香与甜蜜，使我们像万年青一样，万年常青，永不老去。

微笑的人并非没有痛苦，只不过他善于把痛苦锤炼成诗行；微笑的人并非没有眼泪，只不过他善于把眼泪化作灯盏，照耀着前行的道路。

人生的道路，有时如同逆水行舟，坎坷难行。虽然人人都希望时时幸运、事事顺利，可自然界中没有不凋谢的花朵，人世间没有不曲折的道路。"万事如意""心想事成"虽然是人们美丽的愿望，但是我们不可以因此沉沦于苦海之中，不要让挫折成为旅途中的绊脚石，我们要做一个微笑面对远征的强者。

微笑是强者对人生最完美的诠释，微笑是从容的人生态度。我们微笑面对生活，生活也一定微笑着面对我们，在喧闹的城市中，受约束的是生命，不受约束的是心情，只要心是晴朗的，人生就没有阴天。生命，有时只需要一个真诚的微笑。

给我们美丽人生一个真诚的微笑，用我们对自我的虔诚和笃信，用我们对他人的挚爱和尊重，摆脱一切来自外界的纠缠和来自内心的牵绊，挥别生活中的窒闷；纯纯地笑，忘情地笑，透出人格的亮色，展现生命中灿烂的光辉。

给人生一个真诚的微笑，无论我们是在成功的顶峰，还是在失败的谷底；无论我们为爱兴奋，还是为恨伤怀；无论我们为错过而痛悔，还是为忽略而失落……

我们要用宽容和坦荡，给心灵一个休憩的家，一切的悲愁都以诗情和智慧去涂抹，那么我们的人生将风光无限、天高海阔。

守候着生命伊始的梦，给生命一个真诚的微笑，那么周围的一切都会因闪耀着美丽而令我们无法割舍。我们不必苛求生活，不必怜悯自我，不

必怨天尤人，不必愁苦太多。

给生命一个真诚的微笑，我们将拥有温暖的春光，空旷幽静的小河，蔚蓝高远的晴空，生命中最为动人的凯歌。

生命是美丽的，只要我们用心去谱写生命的每个音符，就能奏响美妙的乐音。我们要善待生命，给它一个真诚的微笑；我们要感悟生活，给它一个真正的洒脱。

少一点伤怀，少一点冷漠；多一份微笑，多一份超然。朋友，这里要告诉你：爱微笑，也就是爱自己；懂得了微笑，也就懂得了生活。给生命一个真诚的微笑，我们便拥有了人生中无可比拟的美丽和洒脱。

用真诚的微笑拥抱我们美丽的人生吧，让我们用微笑点缀我们绚丽的人生吧！

管理好自己的情绪

由于青少年朋友的心理还不够成熟，因此当我们面临一些冲击时，不可避免地会产生某些不良的情绪，如紧张、焦虑、抑郁等。这些不良情绪对人的身心伤害很大。青少年应该认识消极情绪，消除不良情绪，这将有助于自己健康成长。

其实，情绪是可以把握和控制的，只要我们能够走出固有的守旧的思维模式，换个角度来看待问题，就一定能保持良好的情绪，改善不良的情绪，拥有健康的自我。

亲爱的朋友，如果我们现在正受着不良情绪的奴役，还不能控制自己的情绪，那么来看看这个小故事吧。

在过去，众人对我的评价无非是沉默寡言，不苟言笑，内向或清高。那时正值青春期，认为不轻易与别人说话，使自己的心灵世界处于封闭状态的个性很酷，但经历了一件事后，我才发现自己的想法有多么愚蠢。

有一次，数学老师布置了几道大题，都有相当的难度，因此可以小组研究去做，他主张"团结就是力量"。但我才不要呢！我很肯定自己的能力，于是定格在第一道大题上，启动发动机，让思绪如杨花一样乱舞，题虽然有一问，但有三种方式可供选择，不过选有条件的要扣掉相应分数。

正当我想着怎么解题时，我听见了一个声音从我右方的同桌嘴里发出："我做出来了！"然后，他又俏皮地往我卷子上瞅一瞅，又重复几遍。

我是个极情绪化的人，对他的成就表面不屑一顾，心中却万分纠结，埋头奋力做题，然而那题最终算是嘲笑上我了，使我那燃烧的心一触便能够爆炸。

回到家，我便怒气冲天地向妈妈发泄，一方面跟题过不去，另一方面是同桌的挑衅，做就做出来了呗，有什么值得宣扬的？一点都不懂得低调！待我一阵疯狂之后，妈妈先是叹了口气，说："你一直是这么被别人牵着鼻子走的吗？"

我顿时傻了，这么讽刺且冷酷的话，很难相信妈妈在说我。接着她又说："你这样自己气自己，损伤的是你的脑细胞，别人可能还没感觉怎么样，你那么就轻易受他人影响，不是被别人控制了吗？以后在社会上怎么办？女孩子心态要好，最起码不要做情绪的奴隶啊！"

是的，妈妈的话击中了我的要害，我应该理智地对待挫折，不能让消极情绪趁机而入，不仅如此，我还要做它的主人，控制住自己的情绪是人生重要的一课。

青少年正处于青春期，情绪更是丰富多彩，但由于他们往往不懂得如何运用和控制情绪，总是使好情绪离自己远去，坏情绪却如影随形。就如同故事中的主人公一样，受到消极情绪控制，因为一点小事就大发脾气。

科学研究发现，轻松、乐观、愉快的情绪可以使人精力集中，记忆力增强，思维敏捷活跃，学习效果倍增。对于学习任务繁重的青少年来说，身心愉快，是提高学习效率的重要条件。

那么，我们应该怎样控制自己的情绪，做情绪的主人呢？以下几个方面不妨作为一个参考：

1. 要认识情绪

简单地认为高兴、喜悦是积极情绪，紧张、恐惧、愤怒是消极情绪，这是片面的。积极情绪和消极情绪的划分，不是直接依据情绪的不同性质，而是根据情绪对人产生的不同作用来区分的。

凡是对人的行动起促进、增力作用的情绪叫积极情绪；凡是对人的行动起削弱、减力作用的情绪，就称为消极情绪。

心理学的研究证实，和一般人相比，那些具有积极观念的人具有更良好的社会道德和更佳的社会适应能力，他们能更轻松地面对压力、逆境和损失，即使面临最不利的社会环境，他们也能应付自如。

2. 学会收回情绪

有时候，掌控不住情绪，不管三七二十一发泄一通，结果搞得场面十分难堪。生活中，每个人都难免会碰到这种擦枪走火的状况。但是，聪明人有将情绪马上收回来的本事。

自古以来，评价人的标准，只看一个人的涵养和行事的风格，就知是否可以成为可塑之才，是否有大将之风。

情绪处理得好，可以将阻力化为助力，帮你解危化险。情绪若处理得不好，便容易制怒，产生一些非理性的言行举止，轻则误事受挫，重则违法乱纪。

3. 运用正面联想来控制情绪

每当情绪激昂到达巅峰时，都会同时注意四周所有相关的事物，这种过程称之为"联想"。

例如，每当我们听见某首特定的歌，便会想起过去与自己相关的友人，这是因为情绪到达巅峰时，这首歌正好也同时在背景出现。我们的心理和身体是相互联系的，因此每当听见这首歌，便会立刻忆起当时心中的情感。

4. 坦然接纳负面情绪

当我们产生了负面情绪时，最好不要去抑制、否认或掩饰它，更不要责备自己，对自己生气。我们要先坦然地承认并且接纳自己的负面情绪，不论它是沮丧、愤怒、焦虑还是敌意。

生活中，每个人产生负面情绪是很正常的。它提醒我们对现状要有所警觉，这是改变现状的先决条件。

如果一个人不为自己的成绩差而沮丧，他就不会去努力学习；如果一个人不为和别人的矛盾而苦恼，他就不知道自己的人际交往方式需要调节。

所以，不要怕产生负面情绪，也不要否认或逃避。首先要接纳它，然后再想办法解决引起负面情绪的问题。

5. 无条件地接纳自己

绝大多数人从小就受到种种有条件的关注，或者严格的管束，致使很多人以为只有具备某种条件，如漂亮的外表、优异的学习成绩、过人的专长、出色的业绩等，才能获得被自己和他人接纳的资格。

于是，很多人因此背上了自卑的包袱。由于曾经被挑剔，也就逐渐习惯于用挑剔的目光看待自己，越看越觉得无法接受。

所以我们要学习做自己的朋友，接受并且关心自己的身体和心理状况，不加任何附加条件地接纳自己的一切。我们不妨对自己说："不论我有什么优点和弱点，我首先应无条件地接纳自己。"

6. 学会改变不利环境

当我们心情烦躁时，可把闹钟移到一个角落去；头脑混乱时，先把桌上杂乱放着的书、用具整理一番，再去看书；心情沉重、压抑时，换件舒适、柔软的内衣，穿上漂亮的外衣；头痛腰酸心情不佳时，听听音乐、做做健美操、打打球；内心忧郁时，可去读读幽默、看看漫画及相声表演等。

拥挤、繁乱或危险的环境会使人紧张、心烦；阴森、陌生、孤寂的环境会使人惊恐不安；而郊外的田园风光会使人心情舒畅，神志安详。这是由于环境因素作用于人的感官和神经，产生生理反应而导致情绪上的变化。

7. 应付伤心法

人们每有所失就觉得伤心。我们觉得伤心时，应该想一想：失掉的是什么？这对我们有什么影响？所丧失的曾经满足了我们的哪些需要？失掉了今后能在哪里得到补偿？

我们觉得伤心，而且知道是谁令我们伤心，那该怎么办？如果可能，就去找那个人当面直说他伤害了我们，怎样伤害的和我们为什么有这种感觉。

为什么要告诉他？因为不论我们是否愿意，我们的情绪一定要以某种方式发泄出来。倘若不向引起我们情绪恶劣的人发泄，这些恶劣情绪就会随时随地发作。

8. 让自己动起来

身体的放松会导致精神的放松；脚步轻快，心胸亦会随之开朗，进而影响中枢神经的平衡。根据这一原理，我们改变一下动作方式，就可调节情绪。

例如，极度焦躁不安或愤怒时，可使劲地摇晃身体，或到室外跑一会儿；或打套长拳等，这样，内心的焦躁和愤怒就会转化为身体能量排出体外，心境就会平稳。

内心忧郁、愁苦时，到野外散散步，并试着把步伐放轻松些，或边走边跳，胸中的愁闷就会消失。心慌意乱时，试着抱紧胳膊，或紧握双拳，做下蹲马步，可稳定情绪。

9. 开口讲话

言语是最有效的刺激物，它通过感官作用于人的大脑，经大脑的认知加工和指令，从而调节人的情绪，支配人的行为。根据这个原理，我们就可以这样做：

考试临阵怯场时，可自言自语暗示自己："我不会做的题，好好想想就会做出来。"这样心情就会慢慢平静。

与生人见面，心里胆怯，见面时可直言向对方袒露心扉："不瞒您说，我见您之前，心里很紧张啊！"这样怯生的情绪就会奇妙地消除。

感到恐怖、害怕时，可大声朗读高尔基的散文诗《海燕之歌》，或干脆大骂自己一顿，这样就可以给自己壮胆。

焦急、烦恼时，把原因找出并逐条写出，使之跃然纸上，使心中

焦急、烦恼的情绪化为书面语言，心情就会平静。

思维混乱，不能集中注意力阅读或思考时，可大声朗读或大声把思考内容说出来使内部语言化为口头语言，就可理清思路。

10. 经常进行换位思考

其实在控制自己情绪的过程中，换位思考是一个比较有效的方法。很多时候，对于同一件事情，不同的人有不同的看法。

正如"一千个读者就有一千个哈姆雷特"。对于同样半杯水，乐观的人会觉得"哈，还有半杯水"，而悲观的人则会觉得"噢，只有半杯水了"。

如此一来，造成的结果也是大相径庭。乐观的人喝水喝得津津有味，而悲观的人则饮之无味。

当然，控制情绪的方法还有很多，青少年朋友不可拘泥于某一种方法，而要在实践中多实践，多运用，一定会找到适合自己的最好方法。

培养自信心，多交好朋友

有很多青少年在学校里没有朋友，因为他们过于自卑，总是感觉有人在背后议论自己，瞧不起自己，从而严重地影响了自己的交际。

青少年时期，本来是人生中最美好的时光，但一些青少年却染上了交往困难的"怪病"：不能顺利地与同学正常交往，难以与同伴建立良好的人际关系。由此引起的"继发性"心理问题也不少：孤独感、空虚感、心情抑郁、失落感，甚至抱有自杀的念头等。

　　心理学家认为其原因主要在于交往中的不自信。他们常常将自己封闭，不敢涉足交际圈，总认为别人会瞧不起自己，也没有信心与陌生人交谈。在交往中往往表现得过于自卑。

　　小溪是一名16岁的高二学生，她是一个很在乎别人想法的人，性格内向，平时不善言谈，朋友也不多，所以遇到事情，她通常都是一个人解决。

　　小溪的学习成绩在班上处于中等偏下水平，老师说："小溪如果努力些，将来很可能考上大学；但是如果维持原有水平，可能会在高考中落榜。"为此小溪也很苦恼，看看现在和她一个班的几个曾经的初中同学，他们的成绩以前都不如小溪，现在却都比她好，这让小溪更加难受。

　　小溪不明白自己的问题究竟出在哪儿，也不想去请教周围的人。因为在这所重点中学里所有的人都在努力地学习，她感觉不到真正的友谊，甚至有很多时候，小溪都觉得大家看不起自己，似乎大家总是在背地里嘲笑她的脑子越来越笨，是一个愚钝的人。

　　有时候在校园里，偶尔碰到以前初中的同学冲她笑，她都觉得他们的笑不怀好意，怀疑他们是在笑自己的衣服穿得古怪，或是笑自己长得不够漂亮……更为可怕的是，她越是这样想，就越是不愿和别人交往，几乎完全把自己的内心封闭起来了。

　　慢慢地，小溪变得精神抑郁，学习成绩更是一落千丈。

　　故事中的小溪就是因为过于自卑而导致了交往障碍，总觉得有人在背地里嘲笑自己。其实，一个有活力、有自信的人从来都不会在乎别人对自己的言论，因为自己给了自己足够的自信。

　　那么，我们该如何拥有交友的自信呢？

1. 主动接触身边的同学

　　平时不喜欢接触同学的人，周围的同学也习惯了不与他接触。因此，要想建立起良好的友谊，就要有意识地主动接触身边的同学，特别是接近那些品学兼优的同学，进而尝试从各个方面进行交流和交往。因为品学兼优的同学，一般情况下包容心比较强，容易相处，他们不会歧视别人，反而会帮助我们。

　　主动接触，我们可以交到好朋友。另外，主动找一些同学或朋友共同感兴趣的话题与他们进行交谈和互相学习，随着时间的推移，我

们不仅会发现自己变得开朗健谈，而且还会发现自己很受别人欢迎。

2. 积极参加集体活动

参加集体活动不仅仅是热爱集体的表现，也是获得别人认可的一种有效的途径，是建立友谊的重要方式。主动参加体育、文娱等集体活动，并在活动中尽可能地表现出自己的合作精神和互助精神，这有利于我们更多地和他人相互了解。随着了解程度的加深，不仅会促进人际关系，还会逐步提高我们的自信心，建立与同学之间的友谊。

3. 每天都保持好心情

没有信心的人，经常眼神呆滞、愁眉苦脸，而充满自信的人，则眼睛总是闪闪发亮、满面春风。人的面部表情与人的内心体验是一致的。笑是快乐和自信的表现。笑能使人产生信心；笑能使人心情舒畅，精神振奋；笑能使人忘记忧愁，摆脱烦恼。为此，我们青少年要学会笑，学会微笑，学会在遇到挫折时依然保持微笑，这样就会提高自己的自信心。

4. 亮出优点

每个人都有自己的优点，由于平时与同学交往过少，同学们对自己的优点了解得并不多。要勇敢地亮出自己的特长或优点并勇敢地拿出来与他人进行比较，取长补短，共同进步。在这种良性的竞争中，我们也会获得他人对自己的认可。

由此我们知道，学校里的交往只是交际的一小方面，我们青少年一定要培养自己的交往自信，这样才能在以后进入社会时拥有和谐的人际关系。

善于把压力变成动力

在知识爆炸的今天，越来越多的家长意识到了学习知识的必要性，于是把所有的希望寄托在孩子身上。因此，青少年往往承载着父母过多的期望，这使得青少年的身心都承受了巨大的压力。

小刚是家里的独生子。爸爸妈妈视他如掌上明珠，而且他身上肩负着父母的无限希望。父母希望他在各方面都非常出色，所以为他设定了很高的标准。除了在学校里进行正常的学习外，他还要在业余时间练习钢琴、练体操，以及参加其他课外兴趣班。

但是小刚并不喜欢这样，他每次去练琴，都如坐针毡，在学校里学习时，也是精神不集中，上课时间昏昏欲睡，下课也不怎么跟同学玩。

更奇怪的是，他极为敏感，很在意别人对他的看法，别人略有微词，他就会情绪低落。而且在行动上，也常常会有神经质的举止。他不像其他同龄人，爱说爱笑，爱打闹，而是一直表现得很内向，很听话，内心像是备受压抑，他的成绩一直处于中等水平，这让他的父母更加着急，甚至苛刻……

从表面上看，小刚听话，努力，但是深入观察就会发现，他是个在父母压力下无法喘息的孩子，这从他的种种异常行为中就可看出。这种情况是小刚的父母对他的过高期望所造成的，进而影响了他的正常发展。

所以在这种高压力和不合理的定位下，他失去了一个青少年所应该享有的天真和无忧无虑的生活。这种过高的期望给我们青少年带来了极大的心理危害。

作为青少年，在这种高负荷的精神压力下，我们必须学会自我减压，才能保持一颗斗志昂扬的心，永远不让灰心丧气来感染自己。纵观历史，孔子厄而作《春秋》，屈原逐而赋《离骚》，孙膑获膑刑而修《兵法》，司马迁处逆境而著《史记》，这些无一不是压力铸成的！所以青少年要学会面对压力，学会以良好的心态去面对压力。只有拥有乐观自信的心态，才能争取获得更多成功的机会。

在人生的道路上，成长需要很多的动力，但同时也需要压力。因为只有压力，才会有向前的动力。一般情况下，穷人的孩子早当家，就是因为他们经受了很多的压力，所以才早成熟。

在成长的过程中，我们每个青少年所面对的压力是不一样的，不同的人解决方式也是不一样的。成功的人看待压力是将它作为前进的动力，大多失败者就没有这样对待它。

　　"压力是弹簧，看你强不强；你强它就弱，你弱它就强。"如果人经常处在安逸的环境中，就无法激发出自身的潜能，只有在一定的压力下才会有向成功进发的动力。

　　生活在非洲大草原上的羚羊每天醒来思考的第一件事情是：我一定要比狮子跑得更快，这样我才有生存的空间。

　　可是狮子醒来所想的第一件事情就是：我必须要比跑得最慢的羚羊快，否则我就会饿死。所以，生存的压力，把羚羊训练成了"奔跑健将"，使狮子成了"草原猎手"。

　　在日常生活中，虽然我们青少年没有面对死亡的生存压力。但是学习和生活的压力却依然存在。正是这些压力激发了我们的斗志，促使我们不断进步，不断超越自我。

　　面对压力，惊慌失措、消极悲观是不可取的，而应该总结经验，化压力为动力，这样才能战胜挫折，走出困境，不断完善自我，使人生更加美妙和精彩。

要勇于承担责任

　　我们每一个人都有每一个人的责任，父母有父母的责任，儿女有儿女的责任，老师有老师的责任，学生有学生的责任。作为新世纪的青少年，更是有我们青少年自己的责任，那就是使自己成为一个对社会有用的人才。

　　责任是一种使命，一种做人的态度。这是不可推卸的，是每个公民应尽的义务，也是社会发展不可或缺的动力，如果没有了这种责任感，不敢想象社会会变成什么样子。

　　青少年时期，正是培养我们责任心的关键时期。可是许多青少年朋友却从来没有责任意识，一心只为了个人享乐。朋友，我们对于责任是怎么看的呢？

　　是的，我们可以拿钱买很多东西，但是对于父母的责任却是不可能拿钱买断的，这就是责任的意义所在。

　　我们有权选择任何我们想要做的事，没有人可以替我们选择，我们有权去经历错误、失败、谎言和欺骗，我们可以哭泣、呼喊、生气、忠诚或进取，也可以被别人拒绝和伤害，或者用食物、药物、酒精来放纵自己。

　　总之，我们可以做我们想做的任何事。自由意愿这份神圣的礼物永远都属于我们，它不要求我们必须做出"正确"的选择，"正确"只是相对我们目前的意识水平而言。但是，要记住一点，我们必须为我们的选择所带来的后果负责。

　　正如歌德所说："责任就是对自己要求去做的事情有一种爱。"因为这种爱，所以负责本身就成了生命意义的一种实现，就能从中获得心灵的足。

　　相反，一个不爱生活的人怎么会爱他人和事业？一个在人生中随波逐流的人怎么会坚定地负起生活中的责任？这样的人往往是把责任看作强加给

中国好少年

他的负担，看作个人纯粹的付出而索求回报。

许多人对责任的理解确实是完全被动的，他们之所以把一些做法视为自己的责任，不是出于自觉的选择，而是由于习惯、舆论等原因。

由于他们不曾认真地想过自己的人生究竟是什么，在责任问题上也就是盲目的了。因此，人活在世上，必须知道自己究竟想要什么。

一个人认清了他在这个世界上要做的事情，并且在认真地做着这些事情，他就会获得一种内在的平静和充实。

他知道自己的责任所在，因而关于责任的种种错误观念都不能使他动摇了。

如果一个人能对自己的人生负责，那么，在包括婚姻和家庭在内的一切社会关系上，他对自己的行为都会有一种负责的态度。如果一个社会是由这样对自己的人生负责的成员组成的，那么这个社会就必定是高质量的、有效率的社会。

当然，我们可能因为年龄小，还没有完全意识到责任心的问题，但是我们需要经常思考责任的问题。

作为青少年，我们面对的责任就是在家做孝顺的儿女，在学校争当一个好学生、做同学的知心朋友，在社会做一名好公民，懂道德、讲法律、努力学习、报效祖国。

责任是一种力量，一种风吹不倒、水扑不灭的强大动力。在学校举办的各种活动中积极参与，献出自己的一分力量，为班集体争光，这就是责任。

过马路，看见年迈的老人，我们应该主动上前搀扶。让他们安全通行，这虽然不是什么惊天动地的大事，只是举手之劳，但也是作为一个中学生应该承担的一种社会责任。

在学校，我们的责任就是好好学习。既然我们的父母将我们送到学校，交了学费，那我们就是来学习的，不是玩的，更不是让我们没事来消磨时间的。

我们是为我们自己的未来学习的，不要有人看着我们，就在那里装装样子，但是人一走就不学了。

学校做大扫除时，我们不仅应该做好自己分内的事，保持教室一尘不染，而且面对地上的脏物不管是在哪出现的我们都应该弯下腰，伸出自己的手捡起来，放进垃圾筒内。这是我们作为学生的责任。

忙碌了一天的爸爸妈妈，在家休息，我们回家后不仅要认真完成作业，业余时间还要主动帮父母捶肩揉背，端洗脚水等，让父母舒服地休息，这是作为孝顺子女应尽的孝心与责任。

面对"责任"这两个闪光的大字，寓意深远，意义非凡。在这个大千世界，我们尽的责任与义务还有很多。

青少年身上不仅寄托着家庭的希望和幸福，还是国家与民族的未来。应当充分发挥自己的智慧，用自己的汗水，实现自己的人生理想，体现自己的人生价值，做一个有益于社会、有益于他人的人。

做好我们自己，就是对别人负责。我们的成功，就维系着对祖国的责任感。

第三章　培养果断的个性

　　果断行动是治愈恐惧和懒惰的良药，而犹豫、拖延则是滋生恐惧和懒惰的温床。我们可以选择停止不前，或者健步快行，或者跑步前进，但就是不能犹豫不决、拖拖拉拉。因为如果我们总是考虑"如果……"，那么我们将会寸步难行。

培养做事果断的性格

果断是一种气质，一种性格，一种意境。果断让人感觉希望明朗，能给人更多的安全感，让人捕捉更多成功的机会。

孩子从小到大，从最初的爸爸妈妈替他们做主拿主意中慢慢长大，可孩子大了，爸爸妈妈不可能一直待在孩子身边帮其拿主意。这个时候，就需要孩子自己拿主张做决定了。

而就现实来看，当今孩子由于从温室中长大的比重成分较多，结果出现性格懦弱、做事不果断的情况也比较普遍。这对未来人生把握机遇或谋求发展无疑是有很大影响的。那么父母该如何培养孩子果断的性格呢？

1. 果断是一种可贵的性格

人生有无数个机遇，也有许多的困惑，面对这些，该怎么办呢？是等待观望，还是决意行动？这时，果断的性格或精神便显得难能可贵。

果断的人，即使在机会不够成熟的时候，也会先行一步，赢得主动，占据有利位置。一旦时机成熟，就会出手而发，赢得全局。因此，可以说果断型性格的人是最能善于把握机遇的。

很多时候，绊住我们脚步的，往往不是我们的实力，也不是那些所谓的条件限制，而是自己的果敢和勇气。要敢想，更要果断地敢做，这样才能脱离平庸，造就不凡。

2. 孩子缺乏果断主要原因

孩子做事拿不定主意、犹豫不决、不果断是意志薄弱的表现。究其原因主要有以下两种：

（1）孩子依赖性强

成人出自好心，唯恐委屈了孩子，一味包办代替或过多干涉孩子的事情。这样，孩子就无独立做事的经验，一旦遇事让他拿主意时，就不知所措，祈求别人的帮助。

（2）孩子自信不足

爸爸、妈妈望子成龙心切，对待孩子往往期望过高，总是不满意孩子的表现，赞许少，批评多。有的爸爸、妈妈还让孩子做力不能及的事，又不帮助他，结果，孩子常常感到失败的痛苦，无自信，害怕做错事，更拿不定主意。

3. 孩子果断良方

第一、对因过分保护造成的，成人可从以下两方面去锻炼孩子。

放手让孩子去做力所能及的事，克服依赖性。孩子的特点是好奇好动的，一般都愿意参加一些活动。成人要尽早让孩子练习一些基本生活技能，如穿衣、穿鞋、擦桌子，独立完成简单的委托任务。凡是孩子能够做到的，成人尽

量不插手，给孩子足够的时间去思考、尝试，发现自己的能力。孩子感觉自己有能力去做好某件事，就会果断地去做。

创造机会，鼓励孩子下决心。一个人在做出一个决定之前，需要考虑利弊得失后，再做出最佳选择。成人应在一定范围内给孩子充分自主的机会，让孩子有自我决策和选择的权利，凭自己的思考、能力去决定做什么事，如何做。如到商店给孩子选购衣服，价钱由父母选定后，鼓励孩子自己拿主意选择自己喜欢的款式与花色。

第二、对因过分严格要求造成的，家长应注意以下三点。

一是，正确评价孩子做的事。对孩子要求不要过高，要多鼓励、少批评。对竭尽全力也没做好的事，成人要给予理解，告诉孩子："没关系，以后再慢慢努力。爸爸小时候也常常这样。"成人正确的评价，可减轻孩子的心理压力，下次做

事，他会再一次鼓起勇气去拿定主意。

二是，给予孩子必要的帮助。对于较难做的事，成人应同孩子一起去做，并给予适当帮助，教孩子逐步学会一些克服困难的方法和技巧。孩子有了成功的经验，就会增强自信，做事果断。

三是，让孩子做事时，成人提要求要具体、明确。尽量让孩子明白如何做。含糊不清、笼统会使孩子感到无从下手，拿不定主意。

另外，成人还可通过一些培养机敏、果断的体育、智力游戏来有意识地培养孩子的果断性。

迟疑会错失大好的机会

迟疑不决就是优柔寡断、畏畏缩缩、遇事缺乏果断的一种心理特征。这是由于缺乏自信和魄力造成的，这样的人难以成大事。

须知，如果我们在做事的时候经常瞻前顾后，那就会寸步难行，从而错失良机。而决断能够让我们的人生充满信心，并能够让我们的人生充满力量。

1. 认识迟疑不决的危害

习惯于迟疑不决的人，会对自己完全失去信心，所以在比较重要的事情面前没有决断的能力。

有些人的优柔寡断简直到了无可救药的地步，不敢决定任何事情，不敢担负任何责任。之所以这样，是因为他们不敢肯定事情的结果是什么样的！

时光易逝，时机易失。如果我们还在迟疑中摇摆不定，那我们就会失去美好的东西。兵贵神速，赶快行动，花开堪折直须折，莫待无花空折枝。

成功就在决心，迟疑难成大事，果断地下定决心，就意味着把握了战争的胜利，稍有迟疑就会导致失败。

2. 克服迟疑不决的方法

很多时候我们总因自己的犹豫而苦恼不已。犹豫往往因为缺乏自信和习惯性担心某些潜在的问题。有这种弱点的人，就不可能有坚强的毅力。

那么我们平时该如何克服迟疑的习惯呢？

（1）敢于抉择

如果一味地担心自己的抉择是否正确，那么即使是做出了所谓正确的选择，我们也是无法享受生活的，我们会在悔恨中失去自己的幸福。

（2）培养自信

缺乏自信，怀疑自己的能力，往往会让我们迟疑不决。只要我们能够增强自信心，就能在重大问题上不迟疑，做出正确判断。

（3）走自己路

我们很多时候，过于在意别人会怎么评价我们。面临选择时，我们总会担心别人对此会怎样想，这是很错误的。

我们可以听取他人的意见，但是，如果真的感觉自己的选择是正确的，那么就该去做。不要太看重他人的意见，毕竟，生活是你的，不是别人的。

（4）乐于交心

有时候，迟疑不决如同向下的螺旋缠绕在我们的脑海里，挥之不去。出现这种情况时，我们最好找个自己信任的朋友讨论一下，当然不必让朋友替自己做决定。

但是我们一定要记着，我们只是与朋友讨论一下，只是想有助于澄清问题，能从一个较好的角度去看问题，这样也更容易进行选择，而不是让自己变得迟疑不决。

（5）分清轻重

人生短暂，可能很多事情我们都没有时间去做。我们要对家庭、人际、内心世界、运动等都要有一个很清晰的认识，排排次序是很重要的。面临抉择，就能很快地选择重中之重了。或许，你的老板想要你加班，而且补助也不错，但是你很清楚你最看重的是与家人在一起

的时间，那么就会很轻松地立即拒绝了。世界上没有万全之策，不要期望可以为自己的事业奉献一切的同时又可以和家人共享美好时光。

良机已经出现，我们还迟疑什么呢？赶快出击吧！果断的错误胜过迟疑的正确，把我们的眼光放得远些，做一些别人没做过的、又不容易成功的事情。

我们要有自信心，通过自己的努力，一定能达到目标的。从心灵上确认自己能行，自己给自己鼓劲。只要有心理准备，我们就不会为一点儿困难而退缩，就能充满信心地完成任务。

3. 解决迟疑不决的妙方

你是不是经常犹豫，从而丧失良机呢？如果是的话，现在告诉你一些有效的解决方法吧！

（1）尽可能让生活有规律。

（2）注意你的外表。

（3）在迟疑时候，仍然不放弃自己的计划。

（4）不要压抑自己的情绪，尤其是愤怒。

（5）每天都研究学习一些新的东西。

（6）迎接一切挑战。

（7）不要谈论你在某个特殊时期遇见的问题。

（8）以德待人，即使是件小事情。

（9）尽量以不同的方式对待不同的人。

（10）尽量发挥你的长处。

（11）记下生命中的美好回忆。

（12）做一些从来没有做过的事情。

（13）尝试与富有活力又充满朝气的人相处。

（14）不要让他人左右你的思想。

（15）一旦做了就不要逃避，为自己的构思负责。

上面这些忠告，只要你能够认真实践，就能够不再犹豫，变得果断起来，那时你的生活必将更加精彩！

成功源于当机立断

在生活中，人们随时随地都要做出决定。有的决定很容易做出，例如想要吃什么饭；有的决定则要难些，例如想要考取哪所学校。人们做出的选择决定着以后将会得到的结果，所以，在做决定时，选择当机立断意义重大。

遇事当机立断、敢于拍板，是一个人果断个性的直接反应，是每

一个追求成功的人应该具备的个性特质。一个人只有具有敏捷的思维，能够及时作出决断，才能在复杂多变的社会中，应付自如，从而取得成功。

综观古今中外，成大事者遇事鲜有退缩，他们对事情总有自己的看法和态度，并且当机立断，能够在千钧一发的紧急关头，作出正确的选择。

希腊船王欧纳西斯年轻的时候在阿根廷做烟草贸易和运输买卖。有一年全世界范围内发生了经济危机，加拿大一家铁路公司为了度过危机，准备拍卖产业，其中有6艘货船，十年前价值200万美元，如今仅以每艘2万美元的价格拍卖。他得到这个消息后，决定买下这6艘船。同行们对他的想法嗤之以鼻。

因为，从当时看来，海上运输业实在是太不景气了，海运方面的生意只有经济危机之前的1/3，这样的状况谁还会傻得去从事海运行业呢？一些老牌的海运企业家都纷纷转行了。然而，他经过一番思考之后，果断决策：赶往加拿大，

买下拍卖的船只。

别人对他的举动瞠目结舌。大家都觉得他太傻了，这不是白白把大把的钞票往海里扔吗？于是，有人偷偷笑他愚蠢至极，也有人在背后悄悄议论他的精神有点问题，一些亲朋好友则劝他不要做赔本买卖。

事实上，他有自己的主意，他是经过缜密的思考才做出决断的。他认为经济萧条只是暂时的现象，危机一旦过去，物价就会从暴跌变为暴涨，如果能趁着便宜的时候把船买下来，一定能够赚到可观的利润。

果然不出所料，经济危机过后，海运业迅速回升，他从加拿大买回来的那些船只，一夜之间身价陡增。大量财富源源不断地向他涌来。

有人说，他的成功只是偶然的。然而事实上，欧纳西斯是因为找到了成功的秘籍——当机立断。有一位经济学家评价欧纳西斯说："他很会到其他人认为一无所获的地方去赚钱。"可见，只有一个人具备了当机立断的个性，才有谋大事、成大事的基础，而犹豫不决则会一事无成。

任何人的成功都离不开明智的思考和果断的决策。只有敢于决断，善于决断，才能把握时机，取得成功。

那么，怎样才能让自己具备当机立断的能力呢？下面是在作出决定前，需要问自己的六个问题，它们能够帮大家当机立断地作出正确的选择。

1. 这个选择能体现自己的价值吗

无论一个选择看起来如何诱人，但如果它和正确的道理背道而驰，那么就应该将其从列表中去掉。不要迷恋着去做那些注定会后悔的事情。大家应该以能否实现自我价值的标准来评估每一次选择，那样就可以避免很多遗憾，并且有助于自己做出聪明的选择。

2. 这个选择最坏的结果会是怎样

在作出一次不同寻常的选择时，知道可能的最坏结果是什么，会帮大家及时地评估出潜在的危险。如果作出的选择风险太大，那就应该将其放弃。而且，事先想好了最坏的结果能让大家作出相应的准备，这样，即使糟糕的事情真的发生了，大家也能够最大限度地减少其带来的损失。

3. 这个选择长期和短期的优势是什么

在作出一种选择的时候，大家应该同时以长期和短期这两种眼光来评估它的效果。有些选择可能会在短期内，对大家造成一些很小的不利之处，但是这些可以忽略不计——只要它在长远的未来能够发挥出更大的积极作用，其实这也许就是大家想要的选择。不要仅仅因为一条路简单易行就选择它，短视的决定很可能会让自己在将来的路上跌大跟头。

4. 这个选择与自己的目标一致吗

哪种选择和自己的整体目标最为接近？"越接近越好"是作出决定时要考虑的因素之一，也是很重要的一点。大家肯定不希望错过对自己来说十分重要的目标，所以在作出任何重要选择之前，要先在脑子里明确"什么对自己最重要？"要确保自己作出的选择直接针对重要的目标。

5. 这个选择付出的是什么代价

通常来讲，当大家在众里挑一地作出某种选择时，该选择其实属于一种替代行为。换句话说，大家放弃了一件事，从而得到了另一件。这个选择会让自己付出什么代价？它也许会让大家付出时间、金钱或者是让大家因此而失去另一次机会。要仔细想好这些，因为有时作出一个选择会彻底关闭另一扇机会的大门。把所有这些得与失都考虑清楚，将有助于衡量出选择的轻重，从而作出明智的决定。

6. 以前尝试过这样的选择吗

回头看一看过去选择的结果，通常会对未来将会发生什么有一定的参照作用。大家需要研究一下，看看此种选择在过去曾经对自己或者是他人有过怎么样的影响。不要就一时一事来下结论，要确保从真正可靠的途径获取最有价值、最切实的信息来做参考，以帮助自己作出最佳的选择。

如果大家能切合实际地回答上面几个问题，那么大家就能够更有效地权衡摆在自己面前的各种选择了。这些问题将会指导大家作出更好的选择，而更好的选择无疑能够改进生活品质。

然而，值得注意的是，没有人是完美的，大家不可能百分之百准确地预见未来的情况。所以，如果自己偶尔出现了一次失误，也不必太苛责自己，关键是能从中吸取教训，以便下次能做得更好。

在生活中，培养自己当机立断的个性，可以帮助大家迅速地发现机会，并能够在机会来临的时候抓住它——这无疑是通往成功之路的捷径。大家在把握机会的过程中，只有做到当机立断，才会使成功的希望上升。

别让机会擦肩而过

在我们的一生中，有很多展现自己的机会，果断地把握住它，就可能品尝到成功的欢乐；如果犹犹豫豫，思前想后，就可能会错过很多机会，甚至留下永远的遗憾。

难道不是吗？想想看，由于鼓起勇气，把握机会表现自己，我们可能在别人最需要帮助的时候伸出援助之手，也可能高质量地完成一个复杂的实验，也可能说出积蓄已久的心里话；相反，由于胆怯萎缩，犹豫不决，没有胆量出来"作秀"，我们则可能失去一个展示自己的机会，也可能和一段真诚的友谊擦肩而过，也可能在一次竞赛中与第一名失之交臂……

因此，在任何时候，我们青少年都应该果断地把握机会，这样才能让自己的生活更加阳光。

据说，著名的钢琴家肖邦年轻时在巴黎默默无闻，他不断努力，到各种公众场合演奏。终于，他争取到一次机会：当时

著名的钢琴大师李斯特发现了肖邦的才华，让他在自己的演奏会上弹一曲。

肖邦上台时，场内一片漆黑，但一曲终了，灯光大亮时，观众发现演奏的是一位年轻的陌生人。观众被他精湛、高超的琴艺所折服，全场掌声雷动。

肖邦成功了。他凭借不懈的努力，得到了机遇，并抓住了机遇，终于攀上了成功的山峰。

这虽然只是一个故事，但道理却值得我们借鉴的。在现实生活中，机会也是稍纵即逝的，因此我们要好好把握住机会，把握住机会就等于成功了一半。

在机会面前，一个人要有头脑，有自己的判断取向，不人云亦云，才会为人所称道。随波逐流、闻风而动的人，恰是活在他人的价值标准里，终究会迷失自己。快速的决策和超常的胆量是许多成功人士的制胜法宝，因为这些人深刻地意识到关键时刻的优柔寡断只能带来遗憾和失败。

那些总是摇摆不定、犹豫不决的人最终将一事无成。试图面面俱到、万事平平的人总是做出无益而琐碎的分析，却往往抓不住事物的本质。决策最好是决定性的、不可更改的，一旦做出之后就要用所有的力量去执行，就算有时候会犯错，也比某些人那种事事求平衡，总是思来想去和拖延不决的习惯要好。

生活中充满了选择。不管是读书或者购物，我们总要在几个可供选择的方案中，做一次"赌注式"的决断。对于我们所选择的结果究竟是好是坏，也往往没有明确的答案。机会难得，想再回头重新来过，是绝不可能的。其实，上天并未特别照顾那些抓住机会之神的幸运者，只不过是他们在关键时刻做出果断决策，并毫不犹豫地去做，因而获得了机会之神的青睐。

那么，我们青少年应该如何做才能及时抓住机会呢？

第一，凡事要有自己的独到认识。不能只听信人言，要有自己的正确判断，并且知道何时该做出决定。

第二，要有一定的魄力。选择总是困难的，只有足够的魄力才能促使我们下定决心做出选择。

第三，要有担当。能够为自己的选择负责任。

第四，要多面思考，寻求最佳决断。考虑全面，而不是独断专行，这样的果断才是可取的。

从多方面培养果断能力

小时候，大家遇到问题往往由父母代为做决定、拿主意，但是，父母不可能一直陪在大家身边，替大家拿主意。当大家长到一定的年龄后，就需要自己拿主意、自己做决定了。这时，如果大家表现出拿不定主意、犹豫不决、不果断，就说明大家的意志还比较薄弱。

意志薄弱通常是父母的过于保护和过分严格造成的，就像下面这个同学的故事一样。

吴小雨是一名七年级学生，他虽然学习成绩很好，但做事没有主见，总是一遇到事情就问妈妈。

一次，学校要举行朗诵比赛，吴小雨告诉妈妈："妈妈，老师想让我参加朗诵比赛……"

妈妈说："这是一件好事。你报名了吗？"

吴小雨说："还没有。"

"为什么？"妈妈问。

吴小雨说："我不知道到底该朗诵哪篇文章。妈妈你能帮我想一下吗？"

妈妈对他说："这是你自己的事，你要自己拿主意！"

结果，吴小雨到朗诵比赛前也没有决定下来自己想要朗诵的作品，最后错过了这次比赛。

父母对孩子过于保护，使得孩子的依赖性很强、无独立做事的经验，一旦遇事需要自己来拿主意时，他们就会不知所措，四处寻求别人的帮助。

而有的父母对孩子要求过分严格，造成孩子自信心不足。有时，父母望子成龙心切，对孩子往往期望过高，总是不满意孩子的表现，赞许少，批评多，结果，孩子常常感到失败的痛苦，无法建立自信，害

怕做错事，这样一来，就会使得孩子遇事时更拿不定主意了。

因此，大家应该着重培养自己果断处事的能力。以下几点做法，会为大家提供有益的帮助。

1. 培养"闯"的精神

众多优秀青少年但凡是取得了骄人成绩者，无不具有"闯"的精神。敢于"闯"的精神构成他们在重大历史时刻善于决断、勇敢变革的做事风格。为此，大家也要开始培养自己敢"闯"的精神，做事和做决定时要敢说、敢冒险，锻炼自己在处理事情的时候能够果断地作出决定。

2. 珍惜每一次机遇

人生中每一次机遇都是可贵的，"机不可失，时不再来"，珍惜机会的人大多能在关键时刻多谋善断、大胆有为。

3. 做一个勇敢的人

勇敢的人从不惧怕失败，对未来更有信心，并且在机会来临时更善于行动，把机遇变成现实。而怯懦的人会患得患失，错失良机。

不要犹豫，立即行动

大家是否有过这样的经历：在成长的路上，当自己遇到各种挫折时，总是习惯抱怨人生坎坷、事事不顺、成功更是遥遥无期，甚至对自己失去信心。

人生最大的敌人是自己，如果自己能战胜犹豫不决、办事拖延、行动缓慢等不良习惯，做任何事情都立即行动、日事日清，并且持之以恒、贯彻始终，就一定能在学习和生活上取得成绩，并最终实现自己的理想。

下面讲的就是一个真实的故事。

1973年，英国利物浦市一个叫科莱特的青年，考入了美国名校哈佛大学，经常和他坐在一起听课的，是一位18岁的美国小伙子。

大学二年级那年，那位小伙子和科莱特商议，一起退学，去开发软件。当时，科莱特感到非常惊诧，因为他认为自己是来求学的，不是来闹着玩的。再说，他们才学了点皮

毛，要独立开发软件，不学完大学的全部课程怎么能行呢？他委婉地拒绝了那位小伙子的邀请。

十年后，科莱特成为哈佛大学计算机系的博士研究生。那位退学的小伙子也在这一年凭借自己开发的软件进入了美国《福布斯》杂志亿万富豪排行榜。

又过了近十年，科莱特继续博士后的学习；而那位美国小伙子的个人资产，在这一年则达到65亿美元，成为美国第二富豪——那位小伙子就是著名的成功人士，享誉全球的比尔·盖茨。

比尔·盖茨的真实经历说明：想要做一件事，如果等所有的条件都成熟才去行动，也许会错过好的时机。拿定主意后，立即行动，才是成功的关键。

当然，并不是说学业不重要、要放弃学业才能成功，但大家可以像比尔·盖茨一样，当自己有了想法后，就立即行动。如果自己的条件不允许，或者自己的经验和知识不够，也可以选择一边学习一边做自己想要完成的事，但绝对不能待"万事俱备"后才去行动——那就只能看着别人成功，太可悲了！

可以说，很多成功执行者的真正才能就在于他们审时度势之后付诸行动的速度，这也是他们出类拔萃、取得成功的秘诀。什么事一旦决定，立即付诸行动是他们共同的特点，"现在就干，立即行动"是他们的座右铭。

那么，怎么才能做到"立即行动"呢？以下几点会给大家带来帮助。

1. 不要等到条件都完美了才开始行动

如果想等条件都完美了才开始行动，那很可能永远都不会开始。因为总是会有些事情不是那么完美。大家必须在问题出现的时候就行动起来并把它们处理好。

2. 做一个实干家

要实践，而不要只是空想。想开始实践吗？有没有好的创意作为班会的主题？今天就行动起来吧！一个没被付诸行动的想法在脑子里停留得越久越会变弱,过些天后其细节就会随之变得模糊起来,几星期后就会被全部忘记。在成为一个实干家的同时，大家可以实现更多的想法，并在其过程中产生更多新的想法。

3. 得到执行的想法才有价值

想法本身不能带来成功，它只有在被执行后才有价值。一个被付诸行动的普通想法，要比一堆被放着"改天再说"或"等待好时机"的好想法更有价值。如果有了一个觉得很不错的想法，那就为它去做点什么吧！如果不行动起来，那么这个想法则永远只是个想法，可能永远不会被实现。

4. 用行动来克服恐惧

大家有没有注意到公共演讲最困难的部分，就是等待自己演讲的过程呢？即使是专业的演讲者也会有演讲前焦虑担心的经历。但是一旦开始演讲，恐惧就消失了。通过行动来克服恐惧，是建立自信的良方。万事开头难，一旦行动起来，大家就会建立起自信。

5. 集中精力做好眼前的事情

先顾眼前，把注意力集中在目前可以做的事情上。不要烦恼上星期理应做什么，也不要烦恼明天可能会做什么。可以左右的时间只有现在。如果过多思考过去或将来，将一事无成。

6. 理清做事的次序

做任何事情必须立即执行，这体现的是一种完美的执行态度。但是，在执行过程中，大家还应注重执行的正确性和有效性，始终坚持做正确的事。

有的人整天忙忙碌碌的，大部分时间疲于应付、疲于奔命，最终还不清楚自己做了什么，觉得干得越多、离目标更远。

其实，问题就出在我们没有做到优先要务，没有坚持做重要而紧迫的事情，而是本末倒置、轻重错位。我们应该记住著名管理大师彼得·德鲁克说过的话："卓有成效的管理者总是把最重要的事情放在前面先做。"

能够"坚持做正确的事，正确地做事"就已经向成功迈出了一大步。但要最终获得成功，还需要一种善始善终、坚持到底、永不放弃的执着精神。只要大家坚持把简单的事情重复做，把平凡的事情持续做，就一定能成就不简单、收获不平凡。

第四章　锻炼自制的能力

　　自制是一种控制自己的能力。成功的人和失败的人也许都知道怎样获得成功，但他们之间常常有一个很大的差别：成功的人约束自己去做正确的事情，而失败的人则任由情绪主宰自己。

　　可见，要想成功，必须先要做到自制。

做一个意志坚强的人

意志力的强弱，决定了一个人能够走多远。世界上没有绝望的处境，只有对处境绝望的人。意志力薄弱的人，一遇到困难就会退让。所以，意志力是成就大事者的一项不可或缺的修炼。

现代生活中，很多父母都会有溺爱孩子的现象，在家庭教育上也只是紧盯着孩子的分数，而不注重非智力因素的培养，因此在客观上导致了孩子意志力薄弱的现象。

下面一起来看这样一个故事。

王宇是七年级的学生，学习成绩属于中等水平，家里的环境比较优越，而且是男孩子，很少做家务活，在学校里看到其他的同学学习成绩优秀，受到老师们的表扬，自己十分羡慕。

于是在七年级的第二学期初便下定决心，要让自己的成绩在班里也达到优秀的水平，于是便给自己定了一个学习的计划：早上6点起床早读；每天坚持课前预习；课后复习；认真完成作业；一学期下来要读四本名著。

刚开始的一段时间，王宇确实是6点就准时起床读书了，而且其他各个方面都表现得很好。一段日子过去了，天气变冷了，王宇就开始每天躲在床上睡懒觉。

从此以后，不知为什么，到了6点20分都没有看到王宇早读的身影，而且每天放学回家后也没有马上就把当天的功课完成，而是待在电视机前看自己喜欢的电视节目。作业也慢慢变得需要父母催才肯去做了。名著也看了个开头，接下来都没有看了，只摆在书柜中……

故事中的王宇就是一个典型的意志力薄弱的人。在现实生活中，很多人也都有这样的毛病。

请大家想一想：自己是一个意志力坚强的人吗？想做一个意志坚强的人吗？如果答案是肯定的，就应该从现在起努力培养自己的意志力。

1. 战胜自己

磨炼自己意志力的过程，也就是不断战胜自我的过程。所谓战胜自己，就是在和外界力量的斗争中，要善于克服不利于发挥自己优势的消极因素，以增强自身的力量。

许多著名的科学家在其青少年时代并不出众，甚至在他们身上都存在不少明显的弱点。但是，这些杰出人物能正视自己的不足和弱点，并不断战胜和克服它。

2. 鼓励、鞭策自己

榜样的力量是巨大的，许多先哲伟人的名言，包含着极为深邃的哲理，给人以巨大的激励和鼓舞。因此，大家可以借此锻炼意志。每天读一读经典的名言警句，让自己能够吸收更多的精神食粮。

3. 多读好书

书籍给予人们的力量是巨大而长久的，通过多读好书，可以为自己找到意志锻炼的直接榜样。高尔基说："书籍是人类进步的阶梯。"莎士比亚也说："书籍是全世界的营养品……"为了锻炼坚强的意志，大家多去读好书吧！

4. 忠于自己的诺言

一言既出，驷马难追。忠于自己的诺言，这应是一切意志锻炼者必备的基本素养。既然自己决心办到某件事，那就要尽量努力实现自己的诺言。

当然，忠于诺言也并非不顾客观条件一味蛮干到底，如果经过努力，确实难以实现或者需要对原计划、目标进行修改调整，也不必勉强，可根据实际情况对计划目标作适应调整。在这个实现诺言的过程中，意志是同样可以得到锻炼的。

5. 在困难中锻炼

温室里的花朵经不起风吹雨打，舒适的环境培养不出坚贞不屈的勇士。只有勇于拼搏、知难而上的人，才能成为意志坚强的人。事实证明，越是困难的事情，越能锻炼人的意志力。

当然，为了取得良好的效果，在克服困难时，大家必须循序渐进，一步一步来，逐渐增加活动的难度。只有适当的、经努力可以克服的困难，才能成为培养意志力的手段。

向意志坚强的人学习

有人说，人生就如同登山，只有不断地奋勇攀登，才能到达预定的目标。人天生就有"往上爬"的内在动力，也就是说，人为了生存发展，要给自己不断提出目标，不断地前进。

其实，每个人的成长道路都不是平坦的，在人们的成长历程中，会遇到许多困难和挫折，但只有具有坚强意志的人，才能跨越困难和挫折，到达胜利的彼岸。在现实社会中，具有坚强意志的人是非常多的。我们来看一下我国残疾人艺术团的成员邰丽华是怎样凭着坚强的意志勇敢前进的。

邰丽华两岁时，因一次高烧失去了听力。从那以后，她陷入了无声世界，自己却茫然不知。直到五岁时，幼儿园的小朋友轮流蒙着眼睛，玩辨别声音的游戏，她才意识到自己与别人不一样，她伤心地哭了。

为此，父亲带她辗转武汉、上海、北京等地求医问药，只要听说哪里有一线治疗希望就不会放过，但始终不见好转。眼看要满七岁了，父母将她送入市聋哑学校学习。

在学校里，有一门特殊的课程，叫律动课。老师踏响木地板上的象脚鼓，把震动传给站在木地板上的聋哑学生。

　　嘭、嘭、嘭，这有节奏的震动，通过双脚传遍邰丽华的全身。一刹那，邰丽华震颤了。一种从来没有过的、幸福的体验，就像一股强大的电流，撞击着她的心。她情不自禁地趴倒在地板上，用她的整个身体去感受这大自然中最美妙的声音，邰丽华兴奋极了。

　　从此，舞蹈——这种和音乐密不可分的艺术深深地吸引了她。在她心中，舞蹈是一种看得见的、彩色的音乐；舞蹈是一种能够表达内心世界的、美丽的语言。

　　为了学习舞蹈，邰丽华付出了比常人多好几倍的辛苦。她全身心地投入她的舞蹈事业中，她将自己变成了一只旋转的陀螺，24小时中除了基本的吃饭和睡觉时间，其他一切时间都是在舞蹈。找不准节拍再练，动作不对再改，一次又一次，不断地练习……以至于小腿上留下了一道又一道青黑的伤疤。

　　凭着顽强的毅力和执着的努力，邰丽华开始随中国残疾人艺术团出国演出。在很多次舞蹈比赛中，评委们根本没有发现她是一位双耳失聪的残疾人。

　　舞蹈使邰丽华品尝到无穷的欢乐，但她知道，知识对于一个人是非常重要的。17岁那年，她给自己定下了新的目标：上大学。1994年，她如愿以偿地考取了湖北美术学院装潢设计系，成为一名大学生。

1999年，邰丽华进入湖北省残疾人联合会艺术团，2003年正式调至中国残疾人艺术团。

2004年，在雅典残疾人奥运会闭幕式上，邰丽华带领中国残疾人艺术团舞蹈队表演《千手观音》。

邰丽华克服残疾带来的种种困难，自强不息，刻苦训练，以自己的行动展示了残疾人的精神风貌，不断追求艺术上的提高，并在各类比赛中取得了优异成绩。

在困难面前，邰丽华没有屈服，而是通过顽强的意志力实现了自己的梦想，成为残疾人中的佼佼者。

那么，应当如何培养自己坚强的意志力呢？让我们从下面几方面做起吧！

1. 强化正确的动机

人们的行动都是受动机支配的，而动机的萌发则起源于需要的满足。什么也不需要或者说什么也不追求的人是不存在的。人都有各自的需要，也有各自的追求，只是由于人生观的不同，不同的人总是把不同的追求作为自己最大的满足。

2. 从小事做起

著名作家高尔基说："哪怕是对自己的一点小小的克制，也会使人变得强而有力。"人皆可以有意志力，人皆可以锻炼意志力。

意志力与克服困难伴生。克服困难的过程，也就是培养、增强意志力的过程。意志力不很强的人，往往能克服小困难，而不能克服大困难。能克服大困难的人是意志力比较强的人。

小事情很多，大家可以从小事情做起逐步培养自己的意志力，例如，有的人好睡懒觉，那不妨每天睁眼就起；有的人"今日事，靠明天"，就可以把"今日事，今日毕"作为座右铭；有的人碰到书就想打瞌睡，那就每天强迫自己读一小时的书，不读完就不睡觉——只要天天强迫自己坐在书本面前，习惯总会形成，意志力也就油然而生。

3. 培养兴趣

有人说兴趣是意志力的门槛，这话是有道理的。

昆虫学家法布尔对昆虫有特殊的爱好，他在树下观察昆虫，可以一趴就是半天。一位诺贝尔奖获得者曾说："我经常不分日夜地把自己关在实验室里，有人以为我很苦，其实这只是我兴趣所在，我感到其乐无穷的事情，自然有毅力干下去了。"

当然，人的兴趣有直观兴趣和内在兴趣之分，但两者是可以转换的。例如，有的人对学英语兴味索然，可是，学好英语是成才的需要，对这个需要有兴趣，才能强迫自己坚持学英语。在学的过程中，对英语的兴趣渐渐增强，这反过来又能进一步激发其坚持学英语的意志力。一个人一旦对某种事物、某项工作发生内在的稳定的兴趣，那么，令人向往的意志力就会不知不觉来到身边。

4. 由易而难

有些人很想把某件事情善始善终地干完，但往往因为事情的难度太大而难以为继。对意志力不太强的人来说，在确定自己的奋斗目标、选择实现这一目标的突破口时，一定要坚持从实际出发，把握"由易而难"的原则。

徐特立学法文时已年过半百，别人都说他学不成，他说："让我试试看吧！"他知道自己记性差了，工作又忙，所以，开始为自己规定的"指标"，只是每天记一两个生词。这个计划起步不大，容易实现，看起来慢了一些，但能够培养信心，几个月下来，徐老不但如期完成计划，而且培养了兴趣，树立了信心，又慢慢掌握了学法文的"窍门"，以后每天可以记三四个生词了。

徐老的做法有辩证法的思想在里面。要是一开始在没有把握的情况下，就提出过高的指标，结果计划很可能实现不了，信心也必然锐减，纵使平时有些意志力的人，这时也容易打退堂鼓。

美国学者米切尔·柯达说过："以完成一些事情来开始每天的工作是十分重要的，不管这些事情多么微小，它会给人们一种获得成功的感觉。"这种感觉无疑有利于意志力的激发。

成功是对意志力的肯定和促进。实践证明，每一次成功都

会使意志力进一步增强。如果用顽强的意志力克服了一种不良习惯，那么就能拥有继续挑战并获胜的信心。

每一次成功都能使自信心增加一分，给自己在攀登悬崖的艰苦征途上提供一个坚实的"立足点"。或许面对的新任务更加艰难，但既然以前能成功，这一次以及今后也一定会胜利，正所谓：胜利时，需乘胜追击。

培养坚强的意志力不可能一蹴而就，而是要在逐渐积累的过程中一步步形成。这中间还会不可避免地遇到挫折和失败，因此，必须找出使自己斗志涣散的原因，才能有针对性地解决问题。

总之，培养意志力要从基础做起，一天一点进步，大家就会在胜利的道路上不断迈进！

不要轻易放弃希望

生活不可能都是一帆风顺的——有时遇到困难，有时遇到挫折，有时遇到变故，有时遇到不顺心的事——这些都是生活中的正常现象。但是，有的人遇到这些现象时，总是心烦意乱，痛苦不堪，悲观失望，甚至失去面对生活的勇气，这其实是意志不坚强的表现。

其实大可不必如此。每一次失败都是供人们再踏上更高一层的阶梯。当然，在这个途中，人们难免会感到灰心与疲惫，但请记住世界重量级拳击冠军詹姆士·柯比的话："你要再战一回合才能得胜"。

发明家爱迪生一生中经历了无数次的失败，当年，他发明电灯时，曾经为找出一种耐用的灯丝材料做了将近8000次的试验，就连他的助手也从最初的满怀热情而变得丧失了信心，劝他不要再试验了。

但爱迪生却并未放弃，反而风趣地说道："我为什么要放弃呢？虽然我失败了近8000次，但这至少可以证明这些实验是行不通的，每失败一次就等于向成功迈进一步。"结果他成功了。

这就是爱迪生对待困难的态度。他知道从失败中吸取教训，总结经验，把成功建立在无数次失败基础之上。俗话说："守得云开见月明"，从失败中，人们更能体会到生命中最本质的东西，更能感受到人生的困难。

其实，每个人心中都有潜在的、下意识的失败感，不被这种感觉影响的人往往是最后的成功者，而被这种感觉控制住的人则难逃失败的厄运。诚然，失败会让人痛苦，但却让人有所收获，而这种收获让人受益匪浅。正如有人说的"想要获得一千零一次的成功，就必须笑看一千次失败"，这种颠覆传统的思维方式，能使人从失败的深谷走向成功的顶峰。

巴尔扎克说："苦难是人生的老师。"其实，挫折不是教训，而是人生的经历、经验，是一笔宝贵的财富。成长的过程曲折坎坷，总是伴随着辛酸与烦恼。挫折固然会使人受到打击，给人带来损失和痛苦，但挫折也可能给人带来激励，让人警觉、奋起、成熟，把人锻炼得更加坚强。

所以，在挫折面前，大家应学会总结经验，把挫折当作是新的起点，不要因为惧怕再一次的受伤而放弃了近在咫尺的成功。

她从小就"与众不同"，因为小儿麻痹症，随着年龄的增长，她的忧郁和自卑感越来越重，甚至，她拒绝所有人的靠近。但也有个例外——邻居家那个只有一条胳膊的老人却成为她的好伙伴。老人是在一场战争中失去一条胳膊的，但老人非常乐观，她非常喜欢听老人讲的故事。

这天，她被老人用轮椅推着去附近的一所幼儿园，操场上孩子们动听的歌声吸引了他们。一首歌唱完，老人说："我们为他们鼓掌吧！"

她吃惊地看着老人，问道："我的胳膊动不了，你只有一只胳膊，怎么鼓掌啊！"

老人对她笑了笑，解开衬衣扣子，露出胸膛，用手掌拍起了胸膛……那是一个初春，风中还有着几分寒意，但她却突然感觉自己的身体里涌动着一股暖流。

老人对她笑了笑，说："只要努力，一只巴掌一样可以拍响。你一样能站起来的！"

那天晚上，她让父亲写了一个纸条，贴到了墙上，上面是这样的一行字："一只巴掌也能拍响。"那之后，她开始配合医生的治疗。甚至在父母不在时，她自己扔开支架，试着走路。蜕变的痛苦是牵扯到筋骨的。她坚持着，她相信自己能够像其他孩子一样行走，奔跑……

11岁时，她终于扔掉支架。她又向另一个更高的目标努力着——她开始锻炼打篮球和田径运动。1960年罗马奥运会女子100米跑决赛，当她以11秒18的成绩第一个撞线后，全场掌声雷动——人们都站起来为她喝彩，齐声欢呼着她的名字：威尔玛·鲁道夫。在那一届奥运会上，威尔玛·鲁道夫成为当时世界上跑得最快的女人，她共摘取了三枚金牌。

面对记者的采访，威尔玛·鲁道夫说："任何时候都不要放弃希望，哪怕只剩下一条胳膊；任何时候都不要放弃梦想，哪怕残疾得不能行走！"

其实，在生活中，每个人都不可避免地会遇到一些挫折与困难，对此，大家决不能低头，而应以一种积极的心态，理智、客观地分析挫折产生的原因，并采取恰当的方法来克服困难。只要自己不轻易选择放弃，以积极健康的心态去面对困难和挫折，就可以做到"不在失败中倒下，而在挫折中奋起"。

只有经历过挫折，生命才会平添一份色彩，多一份磨炼就多一段乐章，多一份精神食粮和财富。历经挫折的人，才更知道怎样去珍惜生活，更明白生活蕴含的哲理。生活因挫折而丰富，人生的体验也因挫折而深刻，生命也因此而更趋完美。

不因小事而垂头丧气

在成长的道路上，有时，我们能够很勇敢地面对大的危机；有时，我们却会被一些很小的事情搞得垂头丧气。

有这样的一幅漫画：一个登山者正倾力倒出他鞋子中的沙石。旁白说："使你疲倦的往往不是远方的高山，而是鞋子里的一粒沙子。"这揭示了一种现象：将人击垮的往往不是面临的巨大挑战，而是琐碎事情造成的倦怠。

在美国的科罗拉多州长山的山坡上，躺着一棵大树的残躯。在它漫长的生命里，曾经被闪电击中过14次，几百年来，无数的狂风暴雨侵袭过它，它都能战胜它们。但是在最后，一小队昆虫攻击这棵树，使它倒在地上。

那些昆虫从根部往树身里面咬，渐渐伤了树的元气。虽然昆虫很小，但却是持续不断攻击。这样一棵参天巨树，岁月不曾使它枯萎，闪电不曾将它击倒，狂风暴雨没有伤害它，而一小队微小的昆虫却使它倒了下来。

试想一下，人不就像森林中的那棵身经百年的大树吗？曾经历过生命中无数狂风暴雨和闪电的打击，都撑过来了。可是却会让自己的心被小昆虫——那些烦心小事所咬噬。

　　1965年，世界台球冠军争夺赛在纽约举行。路易斯·福克斯十分得意，因为他远远领先于对手，只要再得几分便可登上冠军宝座了。

　　然而，正当他准备全力以赴拿下比赛时，发生了一件意外的小事：一只苍蝇落在主球上。

　　路易斯原本没在意，一挥手赶走苍蝇，俯下身准备击球。可当他的目光落到主球上时，这只可恶的苍蝇又落到了主球上。在观众的笑声中，路易斯又去赶苍蝇，情绪也受到了影响。

　　然而，这只苍蝇好像故意要和他作对，他一回到球台，它也跟着飞了回来，惹得在场的观众开怀大笑。路易斯的情绪恶劣到了极点，终于失去了冷静和理智，他愤怒地挥动球杆去驱赶苍蝇，不小心球杆碰动了主球，被裁判判为击球，从而失去了一轮机会。

　　本以为败局已定的竞争对手约翰·迪瑞见状勇气大增，信心十足，最终赶上并超过路易斯，夺得了冠军。路易斯沮丧地离开后，第二天，有人发现他自杀了……

　　路易斯并不是没有能力拿下世界冠军，可眼看金光闪闪的奖杯就要到手时，他却暴露出了心理方面的致命弱点：对待影响自己情绪的小事不够冷静和理智，不能用意志来控制自己，最终远离了冠军甚至生命。这件真实的往事，的确值得人们深思：在生活中，当"苍蝇"影响自己的情绪时，该如何对待？一个人也许能处理好意料之中的大挫折、大变故，因为他已经有了足够的心理准备。但是，如果对突如其来的"小苍蝇"没有心理准备而导致情绪恶化，最终只能功亏一篑。

　　事实上，在生活中随时都有可能碰到这类偶然事件。遇到此类情况时，大家必须用意志来控制自己的情绪，不要受小事左右，从容应付突发事件。如果一时冲动，甚至因此而怒火中烧，那很有可能把事情弄砸，蒙受不必要的损失，最终害的还是自己。

自我控制是一种美德

　　一个人成功的最大障碍不是来自外界，而是自身。一个成功的人，其自制力表现在：大家都做但情理上不应做的事，而他可以自制不去做；大家都不做但情理上应该做的事，他会强制自己做。做与不做，克制与强制超乎常人性情之外，这就是取得成功的重要因素。

　　自制就是克制自我的能力。它能使人们控制自己的脾气，节制自身的欲望，并去追求平静的、合法的、适度的快乐。自制是抵制诱惑的力量，它能使人们去等待，并在达到更高、更远的目标时延迟获得的满足感。有一句古老的谚语道出了自制对于有道德的人生是多么重要："要么是我们控制自己的欲望，要么是欲望控制我们。"

步入青春期的人们，思想渐渐成熟，对有些事比较好奇，在了解的过程中必将会遇到不能控制自己情绪的事件，在缺乏自我控制的时候，不顾后果的行为会时常发生。

张某和王某是某中学九年级的学生，两人关系十分要好，形影不离。张某14岁，王某15岁，两人的学习成绩非常优秀，是老师眼中的乖孩子，是同学眼中的学习榜样。

但到了九年级下学期，同学们都忙着备考，都在为了能考上理想的学校夜以继日地复习功课。这时，张某和王某放学回家很晚，父母还以为他们在学校复习拼搏呢，也就没有多问。突然有一天，张某和王某的父母被警察告知：张某和王某因涉嫌抢劫50元被刑事拘留。

父母听到这个消息后，都不敢相信这是真的。老师和同学知道后，也都惊诧万分，都不相信张某和王某会做出这样的事情来，但更不相信的是抢劫50元也会构成犯罪！

张某和王某的父母向警察询问后才得知整个事件的经过。原来，张某和王某由于学习压力大，两人迷恋上了网络游戏，每次放学后两人都飞奔到网吧去，

直到父母给的零花钱用完才依依不舍地走出网吧的大门。

张某和王某在网吧认识了一个叫李某的人。李某年纪在25岁左右，张某和王某平时称呼他为大哥。由于两个人的网瘾越来越大，父母给的零花钱已经远远不够挥霍，李某就对张某和王某说："你们可以去拿刀劫点钱花花。"张某和王某听了之后吓出一身冷汗，但李某说自己的钱就是这么来的，而且一点事都没有。

于是在某一天，张某和王某放学之后尾随一名成年女子至偏僻的地方，两人将准备好的水果刀亮出，威胁后劫得50元钱。就在两人沾沾自喜的时候，刚好被路过此地的巡警看到，并将两人抓获归案。

那么，张某和王某两个花季少年为什么会走上犯罪的道路呢？究其原因，其实就是两人在面对上网诱惑的时候，不能正确地做到自制。当然，克制自己不是一件容易的事情，每个人心中都会有理智与感情的斗争。尤其是青少年，由于涉世不深，不善于克制自己，经常会有"做自己高兴做的事"这种自以为自由的心理，因此一旦失去理性，没有自制力，就很容易犯错。

要想避免自己在青少年时代犯下错误，让自己健康成长，自我控制和自我约束是必不可少的因素。如果说热情是促使自己采取行动的重要原动力，那么自制则是指引自己行动的平衡轮——它能帮助自己的行动，而不会破坏自己的行动。

在成功学家拿破仑·希尔事业生涯的初期，他发现，缺乏自制对生活造成了极为可怕的破坏。这是从一个十分普通的事件中发现的。

这项发现使拿破仑·希尔获得了一生当中最重要的教训。下面一起来看看他是怎么做的！

有一天，拿破仑·希尔和办公室大楼的管理员发生了一场误会。这场误会导致了他们两人之间彼此憎恨，甚至演变成激烈的敌对状态。管理员为了显示他对拿破仑·希尔的不悦，当他知道整栋大楼里只有拿破仑·希尔一个人在办公室中工作时，他立刻把大楼的电路全部切断。这种情形一连发生了几次，最后，拿破仑·希尔决定进行"反击"。

某个星期天，机会来了，拿破仑·希尔到办公室里准备一篇预备在第二天晚上发表的演讲稿，当他刚刚在书桌前坐好时，电灯熄灭了。

拿破仑·希尔立刻跳起来，奔向大楼地下室——他知道可以在那儿找到那位管理员。当拿破仑·希尔到那儿时，发现管理员正在忙着把煤炭一铲一铲地送进锅炉内，同时还吹着口哨，仿佛什么事情都未发生似的。

拿破仑·希尔立刻对管理员破口大骂。一连五分钟之久，他都以比管理员正在照顾的那个锅炉内的火更热辣辣的词句对管理员痛骂。最后，拿破仑·希尔实在想不出什么骂人的词句了，只好放慢了速度。

这时候，管理员站直身体，转过头来，脸上露出开朗的微笑，并以一种充满镇静与自制的柔和声调说道："你今天早上有点儿激动吧，不是吗？"

管理员的这句话就像一把锐利的短剑，一下子刺进了拿破仑·希尔的身体。拿破仑·希尔知道，自己不仅被打败了，而且更糟糕的是，自己是主动的，而且是错误的一方，这一切只会更增加自己的羞辱。

拿破仑·希尔转过身子，以最快的速度回到办公室。他再也没有其他事情可做了。当拿破仑·希尔把这件事反省了一遍之后，他立即找出了自己的错误。但是，坦率地说，他很不愿意采取行动来化解自己的错误。

拿破仑·希尔知道，必须向管理员道歉，内心才能平静。最后，他费了很久的时间才下定决心，决定到地下室去，忍受必须忍受的这个羞辱。

拿破仑·希尔来到地下室后，把管理员叫到门边。管理员以平静、温和的声调问道："你这一次想要干什么？"

拿破仑·希尔告诉他："我是回来为我的行为道歉的——如果你愿意接受的话。"

管理员脸上又露出那种微笑，平静地说："你用不着向我道歉。除了这四堵墙壁，以及你和我之外，并没有人听见你刚才所说的话。我不会把它说出去的，我知道你也不会说出去的，因此，我们不如就把此事忘了吧！"

这段话对拿破仑·希尔所造成的伤害更甚于管理员第一次所说的话——因为他不仅表示愿意原谅拿破仑·希尔，实际上更表示愿意协助拿破仑·希尔隐瞒此事，不使它宣扬出去对拿破仑·希尔造成伤害。

拿破仑·希尔向管理员走过去，抓住管理员的手，使劲握了握——拿破仑·希尔不仅是用手和他握手，更是用心和他握手。在走回办公室的途中，拿破仑·希尔感到心情十分愉快，因为自己终于鼓起勇气，化解了自己做错的事。

在这件事发生之后，拿破仑·希尔下定了决心，以后绝不再失去自制。因为一失去自制之后，另一个人——不管是目不识丁的管理员还是有教养的绅士——都能轻易地将自己打败。

在下定这个决心之后，拿破仑·希尔发生了显著地变化——他的笔开始发挥出更大的力量，他所说的话更具分量。后来，拿破仑·希尔结交了更多的朋友，敌人也相对减少了很多。这个事件成为拿破仑·希尔一生当中最重要的转折点。

拿破仑·希尔说："这件事教导我，一个人除非先控制了自己，否则他将无法控制别人。它也使我明白了这句话的真正意义——'上帝要毁灭一个人，必先使他疯狂。'"

拿破仑·希尔的故事告诉大家，在生活中，发怒只会让事情越来越糟，而如果能克制怒气，寻找正确的方法，则可以使事情出现转机。因为自制能强制人们去做那些不愿意做但必须做的事。

人的自我控制能力决定成败，具有高度自制力是成功者突出的意志品质，而缺乏自制力是失败者的共同特征之一。

要学会自制不是一

件容易的事，那么，青少年应该如何在生活中做到自制呢？

1. 积极参加文体活动

面对诱人的生活享受，例如美食、消费、电视、游戏、网络等，人们很难真正地控制自己。要想让自己完全放弃这些东西是不可能的，也是不合理的。毕竟，无论对于青少年还是成人，享受是生活的一个组成部分。

但是，如果饮食没有节制，会导致肥胖和多种疾病；如果消费没有节制，则会大手大脚，坐吃山空；如果游戏没有节制，则会玩物丧志，失去生活的斗志……

要对这些行为进行控制，最好的办法就是尽可能拓宽生活的视野，多与外界接触，积极参加有利健康的文体活动，例如学习乐器、舞蹈、跑步、游泳等。这些活动能够转移注意力，使人们逐渐认识到，生活是丰富多彩的，美食、消费和网络只是其中很小的一部分。

2. 通过礼节自律

无论是对待朋友，还是陌生人，都要有礼有节。要学会在与人交往的过程中控制自己的情绪。例如要避免愤怒、暴躁等。可以为自己制定一个"礼貌行为准则"，并严格遵守。

3. 制定时间表

用严格的时间安排来控制自己上网、玩游戏、看电视的时间。把时间表放在自己经常能看到的地方，请同学、老师或父母进行监督和检查。具体的时间表能够起到自我督促的作用，能促使自己珍惜时间，避免浪费。

4. 服从命令、遵守规则

有人曾经采访华盛顿的母亲，问她是怎样培育了如此出色的儿子，她回答说："我教他去服从。"可见主动服从命令、严格遵守规则，也能很好地培养自制的品格。

5. 制定奖惩制度

在生活中，如果违反了自己的时间表和行为规则，就应该相应地给自己以惩罚，例如减少休息、娱乐的时间。如果在一定时期内，自己严格遵守了时间表和行为准则，就可以对自己进行一定的奖励。具体奖励方式可由自己决定，但必须合理。

6. 养成稳定的好习惯

一项科学调查显示，养成好的习惯需要用21天的时间。如果熬过了21天——例如，21天不玩游戏，以后，就能很容易做到不玩游戏了。

7. 学会坚持目标

设定一些详细的、容易实现的目标，当目标达到时，成就感会鼓励自己继续努力，然后，再制定一些长远目标。

当然，想做到自制并不是一件容易的事，需要大家从身边的小事做起，坚持到底。从现在开始，大家一起努力吧！

把愤怒转化为能量

在日常生活中，经常会发生这类的事情：如果有人说了或做了让我们生气的事，我们就会觉得很痛苦，想以同样的方式激怒对方，让他也同样受苦，这样自己便觉得宽慰些。我们会想："你害我那么痛苦，我要惩罚你，给你一点苦头吃。只要看到你痛苦，我就会觉得好多了。"

　　尽管许多人都认为这是幼稚的行为，但是仍在不知不觉地做类似的事。实际上，当我们使对方痛苦时，对方也会反击，好让他自己舒坦些。结果弄得我们和对方的痛苦都不断加深，谁都得不到好处。其实，这时如果我们可以克制住自己的愤怒，把愤怒转化为能量，反而可以得到不错的结果。

　　在芝加哥一家大百货公司里，成功学家奥格·曼迪诺亲眼看到了一件事，这件事充分体现了自制的重要性。

　　在这家百货公司受理顾客投诉的柜台前，许多女士排着长长的队伍，争着向柜台后的那位年轻女郎诉说她们所遭遇的困难以及这家公司不对的地方。

　　在这些投诉的妇女中，有的十分愤怒且蛮不讲理，有的甚至讲出很难听的话。柜台后的这位年轻小姐一一接待了这些愤怒而不满的妇女，丝毫未表现出任何厌烦。她脸上带着微笑，指导这些妇女们前往合适的部门，她的态度优雅而镇静，奥格·曼迪诺对她的自制修养大感惊讶。

　　站在她背后的另一个年轻女郎专门负责在一些纸条上写下一些字，然后把字条交给她。这些字条很简要地记下妇女们抱怨的内容，但省略了这些妇女原有的尖酸而愤怒的语言。原来，站在柜台后面，面带微笑聆听顾客抱怨的这位年轻女郎是位听力障碍者，她身后的女郎是她的助手——助手通过纸条把所有必要的事实告诉她。

奥格·曼迪诺对这种安排十分感兴趣，于是便去访问这家百货公司的经理。经理告诉奥格·曼迪诺，他之所以挑选一名听力有障碍的女郎承担公司中最艰难而又最重要的工作，主要是因为他一直找不到其他具有足够自制力的人来承担这项工作。

奥格·曼迪诺仔细观察那群排成长队的妇女发现，柜台后面那位年轻女郎脸上亲切的微笑，对这些愤怒的妇女们产生了良好的影响。

她们来到她面前时，个个像是咆哮怒吼的野狼，但当她们离开时，个个像是温顺柔和的绵羊。事实上，她们之中的某些人离开时，脸上甚至露出羞怯的神情——这位年轻女郎的"自制"已使她们对自己的作为感到惭愧。

自从奥格·曼迪诺亲眼看到那一幕之后，每当他对听到的自己不喜欢的评论感到不耐烦时，就立刻想起了柜台后面那名女郎的自制而镇静的神态。以至于他经常这么想：每个人应该有一副"心理耳罩"，有时候可以用来遮住自己的双耳。后来，奥格·曼迪诺甚至已经养成一种习惯：对于所不愿听到的那些无聊谈话，可以把两个耳朵"闭上"，以免在听到之后徒增憎恨与愤怒。

生命十分短暂，有很多有意义的事情等待我们去完成，因此，我们不必对任何事都充满愤怒，这样只能让自己不愉快。那么，我们应该怎样才能自制愤怒，避免让自己陷入困境呢？

1．选择做相反的动作

人在愤怒时，一般握紧拳头，怒目圆睁，咬紧牙关，呼吸急促。这时，如果有意识地做与上述相反的动作，就会减弱愤怒的强度。例如迫使自己微笑、摊开双手舒展姿势、做深呼吸等。

2．在想要愤怒时提醒自己

当自己克制不住要发怒时，可以请自己的好朋友或父母帮助自己，请他们及时提醒，帮助自己压住怒气，使自己冷静下来；或者在床头、书桌、课桌和文具盒等地方贴上"制怒"的格言和警句，提醒自己遇事冷静。

3．用记录的方法改变怒火

把每一次发怒的原因与经过记在一个本子上，事后经常翻翻，可能会觉得当时自己太可笑了、作法不当，通过反省，发怒行为就会减少。总之，当一个愤怒的人开始辱骂、嘲笑他人时——不管是不是公正——如果他人也以相同的态度报复，那么，其心理程度将被拉到与那个人相同。

总之，在自己想要发怒时，多想想即将面对的后果，尽量把自己的怒火转换过去，这样会得到不一样的效果。